小学生が99×99までスイスイ暗算できる最強ドリル

岩波邦明・著

小学館

はじめに

99×99までのすべての暗算《あんざん》が、だれでも簡単《かんたん》に
スイスイ解《と》けちゃう！ 魔法《まほう》の暗算法《あんざんほう》「あゆみ算《ざん》」って何《なに》？

96 × 83 = ?

この２ケタ×２ケタのかけ算《ざん》を、みんなはどうやって解《と》く？

ひっ算《さん》する！

そうだね。とちゅうの計算《けいさん》を書《か》いて答《こた》えを出《だ》すのがよくある解《と》き方《かた》だね。

ひっ算《さん》を頭《あたま》に思《おも》いうかべて計算《けいさん》すると……

3×6＝18、3×9＝27のかけ算《ざん》をしてから18＋270のたし算《ざん》。
8×6＝48、8×9＝72のかけ算《ざん》をしてから480＋7200のたし算《ざん》。
288と一段《いちだん》くり上《あ》げた7680を一《いち》の位《くらい》からたして……。答《こた》えは7968。

こんなにたくさんの数字《すうじ》を覚《おぼ》えながら頭《あたま》の中《なか》だけで計算《けいさん》するのは大変《たいへん》だよね。

では、どうだろう？ **覚《おぼ》える数字《すうじ》は３～４つだけ。頭《あたま》の中《なか》で簡単《かんたん》な計算《けいさん》をするだけで、ひっ算《さん》よりも速《はや》く正確《せいかく》に、２ケタ×２ケタのかけ算《ざん》の答《こた》えが暗算《あんざん》で出《だ》せちゃう。**そんな魔法《まほう》のような解《と》き方《かた》があったら、スゴイと思《おも》わない？

この最強《さいきょう》ドリルで楽《たの》しく学《まな》べる「あゆみ算《ざん》」は、**99×99までの２ケタどうしのかけ算《ざん》がスイスイ解《と》けちゃう、まったく新《あたら》しい暗算法《あんざんほう》**なんだ。何《なに》が新《あたら》しいのか説明《せつめい》するね。

みんなは２ケタ×２ケタのかけ算《ざん》が全部《ぜんぶ》でいくつあるか知《し》っているかな？
実《じつ》は、**8100通《とお》り**もあるんだ。
世《よ》の中《なか》にはたくさんの暗算法《あんざんほう》があるけれど、なかには81通《とお》りとか、ほんの一部《いちぶ》の問題《もんだい》にしか使《つか》えないものもある。

「あゆみ算《ざん》」がスゴイのは、**8100通《とお》りあるすべての2ケタ×2ケタのかけ算《ざん》がたったひとつの方法《ほうほう》で暗算《あんざん》できちゃう**ことなんだ！しかも、**だれでも簡単《かんたん》にマスターできる！**

このドリルでは、5つの「ラッキーあゆみ算《ざん》」から「あゆみ算《ざん》」まで、6つの暗算法《あんざんほう》がマスターできるよ。

「ラッキーあゆみ算《ざん》」は、**11×11から19×19まで、かける数《かず》が11のとき**というように、ある条件《じょうけん》を満《み》たした2ケタ×2ケタのかけ算《ざん》に使《つか》える暗算法《あんざんほう》。スイスイ計算《けいさん》できてみんなに教《おし》えたくなるよ。

「あゆみ算《ざん》」は、ひっ算《さん》よりも簡単《かんたん》かつ素早《すばや》く、あらゆる2ケタ×2ケタのかけ算《ざん》を解《と》くために考案《こうあん》した、オリジナルのプレートを使《つか》った暗算法《あんざんほう》。2ケタ×2ケタの暗算《あんざん》の達人《たつじん》になれるよ！

学校《がっこう》で習《なら》わない解《と》き方《かた》だから、初《はじ》めはちょっとむずかしそうに感《かん》じるかもしれないけれど、安心《あんしん》してね！ ていねいな解説《かいせつ》と、たった4つのステップで、だれでも簡単《かんたん》に「あゆみ算《ざん》」をマスター！ 最後《さいご》には、プレートがなくてもスイスイ暗算《あんざん》できるようにしてあるよ。

「あゆみ算《ざん》」のプレート

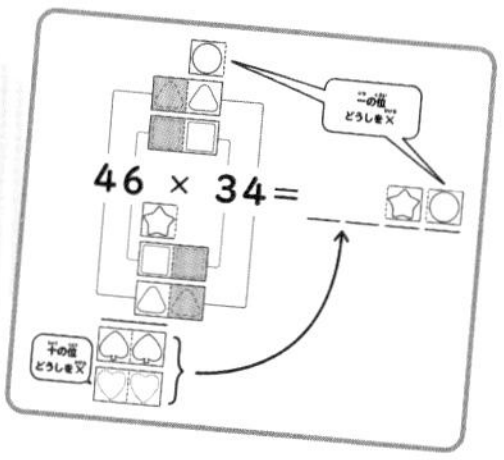

どの暗算法《あんざんほう》もやり方《かた》を覚《おぼ》えるだけで、あら不思議《ふしぎ》！

おどろくほど簡単《かんたん》に計算力《けいさんりょく》が身《み》について、
ゲーム感覚《かんかく》で楽《たの》しみながら
答《こた》えを出《だ》せるようになるから、
自然《しぜん》に算数《さんすう》が好《す》きになる！

2023年12月

岩波邦明《いわなみくにあき》（東京大学医学部卒《とうきょうだいがくいがくぶそつ》・医師《いし》・スタンフォード生《せい》）

もくじ

81通《とお》りのかけ算《さん》で使《つか》える

ラッキーあゆみ算《ざん》 ①

11×11～19×19までのかけ算《ざん》だったらラッキー！

それでは「16×17」を解《と》いていこう。

「**たすかけプレート**」を使《つか》えば、あっという間《ま》に暗算《あんざん》できちゃうよ！

16 × 17 = 272

たす

コレがたすかけプレートだ！

❶ 2 3

かける

❷ ＋ 4 2

❸ 2 7 2

上《うえ》の数《かず》の位《くらい》をずらすのがポイント

❶ **赤《あか》い線《せん》**を引《ひ》いた２つの数字《すうじ》を**たす**（**16＋7＝23**）

❷ 問題《もんだい》の**一の位《いち》《くらい》どうしをかける**（**6×7＝42**）

❸ ひっ算《さん》のように数字《すうじ》をたせば完成《かんせい》！（答《こた》えは**272**）

STEP 1

いっしょに解《と》いてみよう！

❶→❷→❸の順番《じゅんばん》に数字《すうじ》を書《か》こう。

14 × 18 ＝ 252

たす

❶ □□

かける

❷ ＋ □□

❸ □

❶ 「**14+8**」の答《こた》えを□□に書《か》こう

❷ 「**4×8**」の答《こた》えを□□に書《か》こう

❸ ひっ算《さん》のようにたした数《かず》を書《か》こう
（「**220＋32**」の答《こた》えと同《おな》じだよ）

あとは、問題《もんだい》の答《こた》えの欄《らん》に数字《すうじ》を書《か》き写《うつ》せば完成《かんせい》！

最初《さいしょ》はプレートに数字《すうじ》を書《か》いて練習《れんしゅう》しよう

ラッキーあゆみ算《ざん》❶
STEP 2

11×11～19×19までのかけ算《ざん》だったらラッキー！

プレートに数字《すうじ》を書《か》いて解《と》いてみよう　練習問題《れんしゅうもんだい》

「**たすかけプレート**」に数字《すうじ》を書《か》きながら計算《けいさん》していこう！

問題《もんだい》①

12×16＝

たす

かける

＋

問題《もんだい》②

14×13＝

たす

かける

＋

問題《もんだい》③

13×17＝

たす

かける

＋

問題《もんだい》④

16×15＝

たす

かける

＋

問題《もんだい》⑤

12×14＝

たす

かける

＋

問題《もんだい》⑥

17×11＝

たす

かける

＋

問題《もんだい》❺の2×4の答《こた》えは1ケタだから「08」と書《か》こう。問題《もんだい》❻も同《おな》じ方法《ほうほう》で解《と》こう！

プレートに数字《すうじ》を書《か》いて、解《と》き方《かた》をしっかりマスターしよう！

答《こた》えはP.92だよ

問題《もんだい》⑦

18 × 13 = ＿＿＿＿

たす

かける

＋

問題《もんだい》⑧

14 × 19 = ＿＿＿＿

たす

かける

＋

問題《もんだい》⑨

13 × 13 = ＿＿＿＿

たす

かける

＋

問題《もんだい》⑩

15 × 14 = ＿＿＿＿

たす

かける

＋

問題《もんだい》⑪

17 × 18 = ＿＿＿＿

たす

かける

＋

問題《もんだい》⑫

19 × 17 = ＿＿＿＿

たす

かける

＋

問題《もんだい》⑩～⑫は、くり上《あ》がりが少《すこ》し難《むずか》しいよ！

さぁ、暗算《あんざん》にチャレンジだ！

ラッキーあゆみ算《さん》❶

STEP 3

11×11～19×19までのかけ算《ざん》だったらラッキー！

プレートに数字《すうじ》を書《か》かずに解《と》こう

練習問題《れんしゅうもんだい》

今度《こんど》は「**たすかけプレート**」に数字《すうじ》を書《か》かないで解《と》いていこう！

（暗算《あんざん》に慣《な》れるまでは小《ちい》さく数字《すうじ》をメモしてもいいよ）

問題《もんだい》①

16 × 12 ＝ ＿＿＿＿

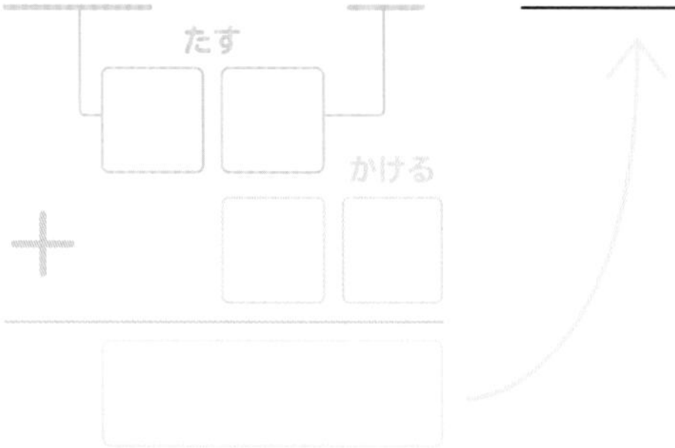

問題《もんだい》②

18 × 14 ＝ ＿＿＿＿

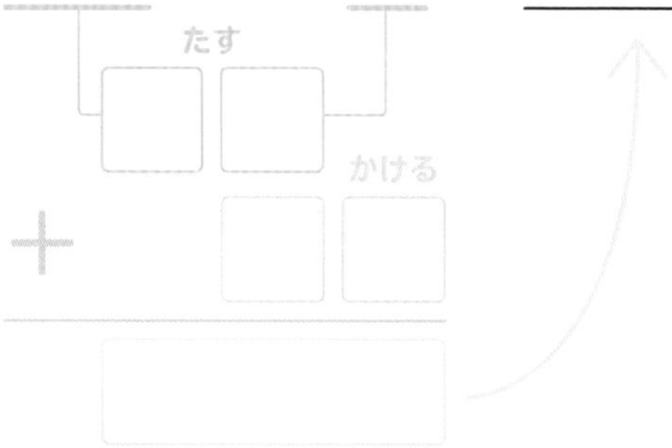

問題《もんだい》③

12 × 13 ＝ ＿＿＿＿

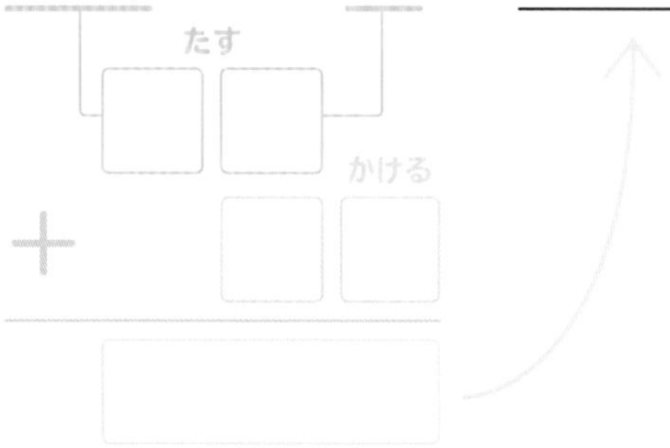

問題《もんだい》④

18 × 17 ＝ ＿＿＿＿

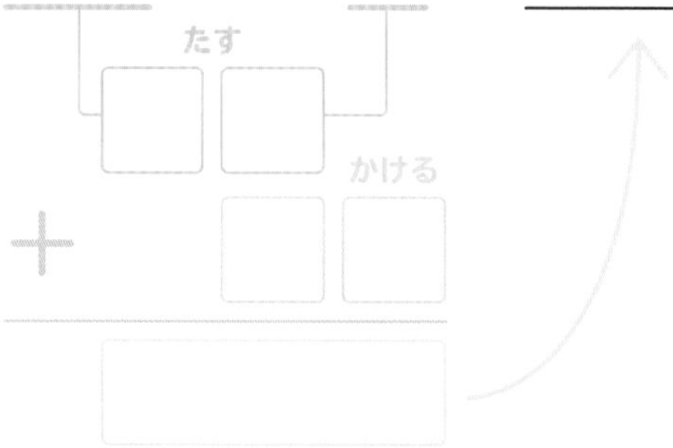

問題《もんだい》⑤

19 × 13 ＝ ＿＿＿＿

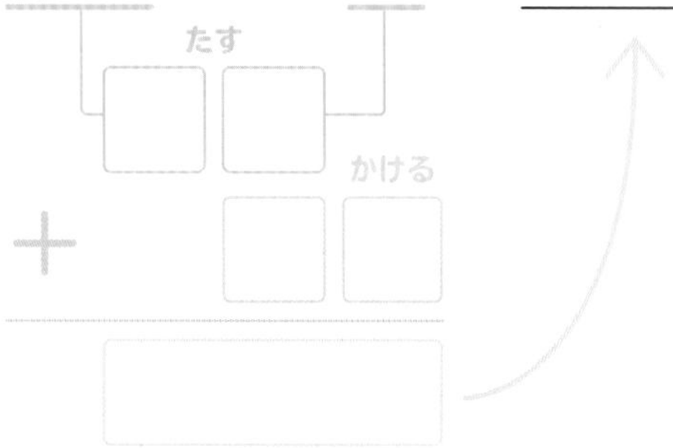

問題《もんだい》⑥

16 × 19 ＝ ＿＿＿＿

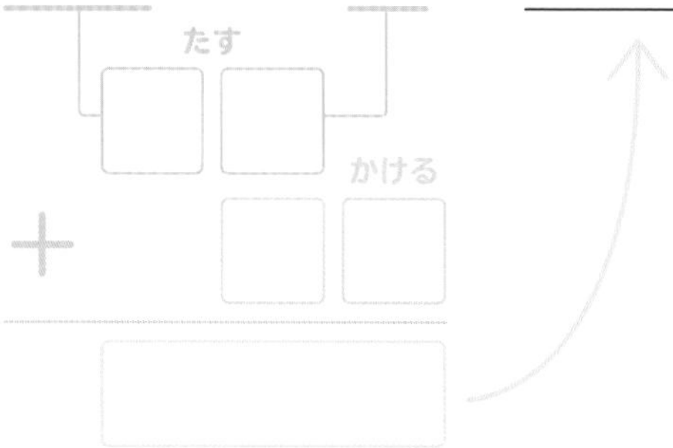

11×11～19×19までのかけ算《さん》だったらラッキー！

暗《あん》算《ざん》で解《と》いてみよう

小《しょう》テスト

プレートを消《け》して暗《あん》算《ざん》にチャレンジ！ 頭《あたま》の中《なか》で
プレートと数《すう》字《じ》をイメージしながら解《と》いていこう！

答《こた》えはP.92だよ

問題《もんだい》①

$13 \times 15 =$

問題《もんだい》②

$14 \times 16 =$

問題《もんだい》③

$16 \times 18 =$

問題《もんだい》④

$14 \times 12 =$

問題《もんだい》⑤

$17 \times 16 =$

問題《もんだい》⑥

$16 \times 13 =$

問題《もんだい》⑦

$15 \times 18 =$

問題《もんだい》⑧

$18 \times 19 =$

これで19×19までのかけ算《ざん》が暗《あん》算《ざん》で解《と》けちゃうね！

81通《とお》りのかけ算《ざん》で使《つか》える
ラッキーあゆみ算《ざん》②

片方《かたほう》の数字《すうじ》2つが同《おな》じ&もう片方《かたほう》がたして10だったらラッキー!

左側《ひだりがわ》が同《おな》じ数《かず》の2ケタの数字《すうじ》、
右側《みぎがわ》がたして10になる2ケタの数字《すうじ》の問題《もんだい》で使《つか》える方法《ほうほう》だよ!
(左側《ひだりがわ》がたして10になる2ケタ、右側《みぎがわ》が同《おな》じ数《かず》の問題《もんだい》は、
位置《いち》を入《い》れかえれば計算《けいさん》できるよ!)

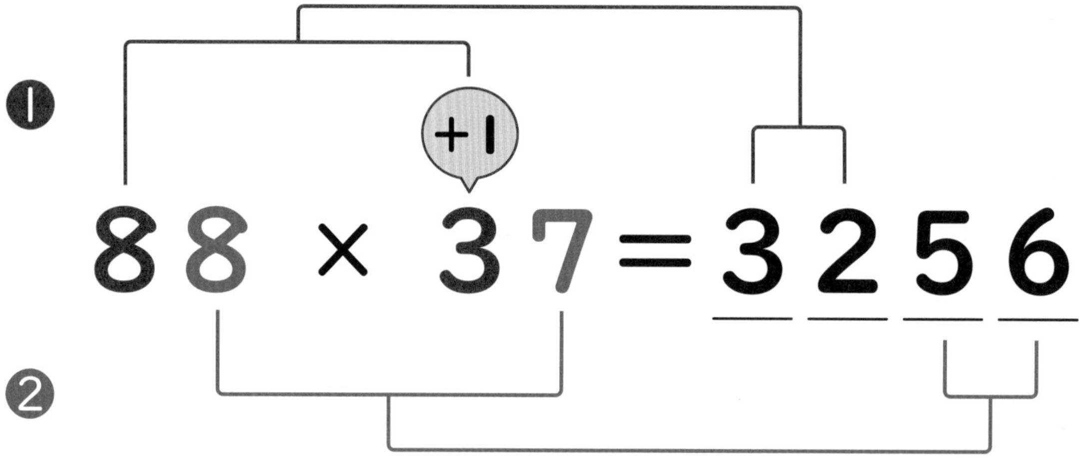

❶ 左側《ひだりがわ》の数字《すうじ》の十《じゅう》の位《くらい》(**8**)と、
右側《みぎがわ》の数字《すうじ》の十《じゅう》の位《くらい》に**1をたした数**(3+1=**4**)を
かけた数《かず》(**8×4=32**)を千《せん》の位《くらい》と百《ひゃく》の位《くらい》に書《か》く

❷ 問題《もんだい》の**一《いち》の位《くらい》どうしをかけた数《かず》**(**8×7=56**)を
十《じゅう》の位《くらい》と一《いち》の位《くらい》に書《か》けば完成《かんせい》!(答《こた》えは**3256**)

STEP 1

いっしょに解《と》いてみよう！

❶→❷の順番《じゅんばん》に数字《すうじ》を書《か》こう。

❶

＋1

$$33 \times 82 = 2706$$

❷

❶

8＋1＝9だから、

3×9

の答《こた》えを千《せん》の位《くらい》と百《ひゃく》の位《くらい》に書《か》こう

❷

3×2

の答《こた》えを十《じゅう》の位《くらい》と一《いち》の位《くらい》に書《か》こう

※答《こた》えが1ケタになる場合《ばあい》は
「6」を「06」のように直《なお》して書《か》こう！

完成《かんせい》！答《こた》えは**2706**だね！
これでスイスイ暗算《あんざん》できるようになるね。

実際《じっさい》に解《と》いてみよう

プレートを見《み》ながら解《と》いてみよう

練習問題《れんしゅうもんだい》

やり方《かた》を思《おも》い出《だ》しながら計算《けいさん》していこう！

問題《もんだい》❶

+1

$$33 \times 64 = __\ __\ __\ __$$

問題《もんだい》❷

+1

$$77 \times 46 = __\ __\ __\ __$$

問題《もんだい》❸

+1

$$22 \times 73 = __\ __\ __\ __$$

問題《もんだい》❸の2×3の答《こた》えは1ケタだから「06」を十《じゅう》の位《くらい》と一《いち》の位《くらい》に書《か》こう！

プレートがうすくなったよ！ 同《おな》じように解《と》いていこう。

答《こた》えはP.92だよ

問題《もんだい》❹

+1

44 × 82 = __ __ __ __

問題《もんだい》❺

+1

22 × 37 = __ __ __ __

問題《もんだい》❻

+1

66 × 91 = __ __ __ __

問題《もんだい》❺の２×４の答《こた》えは１ケタだから
百《ひゃく》の位《くらい》にだけ書《か》こう！
問題《もんだい》❻の９＋１の答《こた》えは「10」だから
千《せん》・百《ひゃく》の位《くらい》には６×10の答《こた》えを書《か》こう！

暗算《あんざん》にチャレンジ！

ラッキー
あゆみ算《ざん》②
STEP 3

片方《かたほう》の数字《すうじ》2つが同《おな》じ&もう片方《かたほう》がたして10だったらラッキー！

暗《あん》算《ざん》で解《と》いてみよう

小《しょう》テスト

プレートを消《け》して暗算《あんざん》にチャレンジ！

数字《すうじ》を頭《あたま》の中《なか》でイメージしながら解《と》いていこう！ 答《こた》えはP.92だよ

問題《もんだい》①

66×37＝

問題《もんだい》②

55×28＝

問題《もんだい》③

99×46＝

問題《もんだい》④

33×73＝

問題《もんだい》⑤

77×19＝

問題《もんだい》⑥

22×28＝

問題《もんだい》⑦

33×91＝

問題《もんだい》⑧

77×82＝

同《おな》じ数字《すうじ》が並《なら》んだ2ケタと、

たして10になる2ケタのかけ算《ざん》の暗算《あんざん》が得意《とくい》になったね！

算数《さんすう》がもっと好《す》きになる！
Dr.《どくたー》イワナミのホームルーム

暗算《あんざん》が得意《とくい》になると、算数《さんすう》のテストの点数《てんすう》がよくなるの？

暗算《あんざん》をマスターすると、計算以外《けいさんいがい》の問題《もんだい》も速《はや》く正確《せいかく》に解《と》けるようになるよ！

算数《さんすう》のテストで高《たか》い点数《てんすう》をとるには、どうしたらいいかな？そうだね。たくさんの問題《もんだい》に正解《せいかい》することだね。でも、テストは決《き》まった時間《じかん》の中《なか》で、問題《もんだい》を解《と》かないといけないから大変《たいへん》だよね。速《はや》く正確《せいかく》に計算《けいさん》の答《こた》えを出《だ》せることが暗算《あんざん》のいいところだけど、「算数《さんすう》のテストは計算問題《けいさんもんだい》だけじゃない」と、キミは考《かんが》えるかもしれない。でも、算数《さんすう》の問題《もんだい》には計算《けいさん》が必要《ひつよう》な場面《ばめん》がかならずあるし、計算《けいさん》は理科《りか》や社会《しゃかい》など他《ほか》の科目《かもく》でも使《つか》うよね。

もし、計算《けいさん》でつまずいたら、どうだろう？　考《かんが》える時間《じかん》が減《へ》ってしまって、最後《さいご》の問題《もんだい》が解《と》けなくなるかもしれないね。もうひとつ、暗算《あんざん》はひっ算《さん》で計算《けいさん》するより頭《あたま》をフルに活用《かつよう》するから、頭《あたま》の回転《かいてん》を速《はや》くする練習《れんしゅう》になるんだ。

つまり、暗算《あんざん》をマスターできれば、計算《けいさん》が得意《とくい》になる。計算《けいさん》が得意《とくい》になれば、計算以外《けいさんいがい》の問題《もんだい》を考《かんが》える余裕《よゆう》ができる。そして、頭《あたま》の回転《かいてん》も速《はや》くなるから、たくさんの問題《もんだい》を解《と》けるようになる。

どう？　暗算《あんざん》をマスターすれば、キミもテストで得点《とくてん》アップできそうだよね！

（「あゆみ算《ざん》」は脳《のう》トレにもピッタリ。家族《かぞく》みんなでチャレンジしてみよう）

81通《とお》りのかけ算《ざん》で使《つか》える
ラッキーあゆみ算《ざん》③

十《じゅう》の位《くらい》が同《おな》じ&一《いち》の位《くらい》どうしをたして10だったらラッキー！

ラッキーあゆみ算《ざん》②とまったく同《おな》じやり方《かた》で解《と》けるよ！
（ラッキーあゆみ算《ざん》③は、
問題《もんだい》の数字《すうじ》の位置《いち》は左右《さゆう》どっちでも大丈夫《だいじょうぶ》だよ）

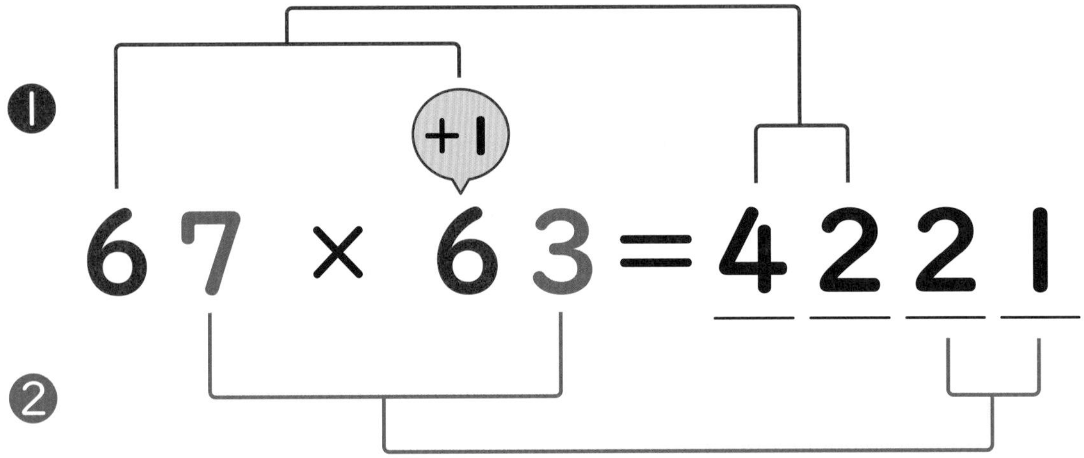

❶ 左側《ひだりがわ》の数字《すうじ》の十《じゅう》の位《くらい》（**6**）と、
右側《みぎがわ》の数字《すうじ》の十《じゅう》の位《くらい》に**1をたした数**《かず》（6＋1＝**7**）を
かけた数《かず》（**6**×**7**＝**42**）を答《こた》えの千《せん》の位《くらい》と百《ひゃく》の位《くらい》に書《か》く

❷ 問題《もんだい》の**一の位**《いち》《くらい》**どうしをかけた数**《かず》（**7**×**3**＝**21**）を
答《こた》えの十《じゅう》の位《くらい》と一《いち》の位《くらい》に書《か》けば完成《かんせい》！（答《こた》えは**4221**）

STEP 1 いっしょに解《と》いてみよう！

❶→❷の順番《じゅんばん》に数字《すうじ》を書《か》こう。

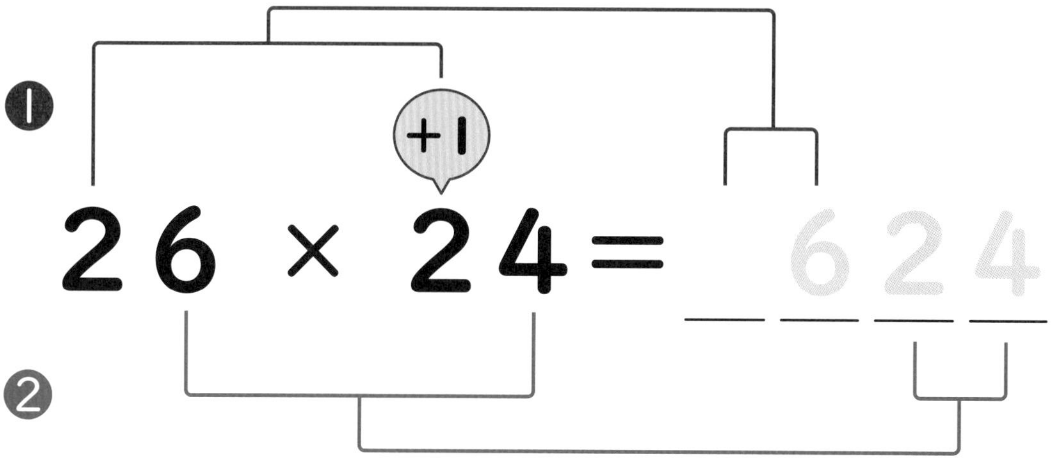

❶

2＋1＝3だから、

2 × 3

の答《こた》えを千《せん》の位《くらい》と百《ひゃく》の位《くらい》に書《か》こう

※答《こた》えが1ケタだから
「06」と考《かんが》えて、百《ひゃく》の位《くらい》だけに6を書《か》こう！

❷

6 × 4

の答《こた》えを十《じゅう》の位《くらい》と一《いち》の位《くらい》に書《か》こう

完成《かんせい》！ 答《こた》えは**624**だね！
これでスイスイ暗算《あんざん》できるようになるね。

実際《じっさい》に解《と》いてみよう ☞

十《じゅう》の位《くらい》が同《おな》じ＆一《いち》の位《くらい》どうしをたして10だったらラッキー！

プレートを見《み》ながら解《と》いてみよう

練《れん》習《しゅう》問《もん》題《だい》

やり方《かた》を思《おも》い出《だ》しながら計算《けい さん》していこう！

問題《もん だい》 1

+1

43 × 47 ＝ ＿ ＿ ＿ ＿

問題《もん だい》 2

+1

58 × 52 ＝ ＿ ＿ ＿ ＿

問題《もん だい》 3

+1

61 × 69 ＝ ＿ ＿ ＿ ＿

問題《もん だい》❸の1×9の答《こた》えは1ケタだから「09」を十《じゅう》の位《くらい》と一《いち》の位《くらい》に書《か》こう！

プレートがうすくなったよ！ 同《おな》じように解《と》いていこう。

答《こた》えはP.92だよ☞

問題《もんだい》 ❹

+1

$$84 \times 86 = __\ __\ __\ __$$

問題《もんだい》 ❺

+1

$$26 \times 24 = __\ __\ __\ __$$

問題《もんだい》 ❻

+1

$$79 \times 71 = __\ __\ __\ __$$

問題《もんだい》❺の2×3の答《こた》えは1ケタだから
百《ひゃく》の位《くらい》にだけ書《か》こう！
問題《もんだい》❻の9+1の答えは「10」だから
千《せん》・百《ひゃく》の位《くらい》には9×10の答《こた》えを書《か》こう！

さぁ、暗算《あんざん》にチャレンジだ！☞

ラッキー
あゆみ算《さん》③
STEP 3

十《じゅう》の位《くらい》が同《おな》じ＆一《いち》の位《くらい》どうしをたして10だったらラッキー！

暗《あん》算《ざん》で解《と》いてみよう

小《しょう》テスト

プレートを消《け》して暗《あん》算《ざん》にチャレンジ！
頭《あたま》の中《なか》で数《すう》字《じ》をイメージしながら解《と》いていこう！ 答《こた》えはP.92だよ

問《もん》題《だい》①

32 × 38＝

問《もん》題《だい》②

75 × 75＝

問《もん》題《だい》③

39 × 31＝

問《もん》題《だい》④

68 × 62＝

問《もん》題《だい》⑤

23 × 27＝

問《もん》題《だい》⑥

56 × 54＝

問《もん》題《だい》⑦

87 × 83＝

問《もん》題《だい》⑧

72 × 78＝

十《じゅう》の位《くらい》が同《おな》じ＆一《いち》の位《くらい》どうしを
たして10のかけ算《ざん》の暗《あん》算《ざん》はばっちりだね！

算数《さんすう》がもっと好《す》きになる！

Dr.《どくたー》イワナミのホームルーム

みんなの質問《しつもん》に答《こた》えるよ！

先生《せんせい》はスタンフォード大学《だいがく》で
どんなことを勉強《べんきょう》しているの？

最先端《さいせんたん》のAI《えーあい》は数学《すうがく》で作《つく》られているんだ。

先生《せんせい》は、アメリカのスタンフォード大学院《だいがくいん》コースのコンピュータサイエンスという学部《がくぶ》で、「AI《えーあい》」について勉強《べんきょう》しているんだ。

みんなは、AI《えーあい》って聞《き》いたことあるかな？

「プログラミングによって人間《にんげん》の知能《ちのう》を人工的《じんこうてき》に再現《さいげん》する技術《ぎじゅつ》」などのことを指《さ》すよ。スマートフォンや自動運転《じどううんてん》ができるクルマなど、身近《みぢか》な物《もの》にAI《えーあい》は使《つか》われているよね。OpenAI《おーぷんえーあい》という会社《かいしゃ》が開発《かいはつ》した人工知能《じんこうちのう》チャットボット「ChatGPT《ちゃっとじーぴーてぃー》」もそのひとつ。

じつは、「ChatGPT《ちゃっとじーぴーてぃー》」に大《おお》きな衝撃《しょうげき》を受《う》けたことが、AI《えーあい》の勉強《べんきょう》を始《はじ》めたきっかけなんだ。

大学《だいがく》で「機械学習《きかいがくしゅう》」や「生成AI《せいせいえーあい》」などのいろいろなジャンルを勉強《べんきょう》していて、強《つよ》く感《かん》じたことが２つあるんだ。

ひとつは「AI《えーあい》が世界《せかい》を大《おお》きく変《か》える可能性《かのうせい》を秘《ひ》めている」ということ。もうひとつが「AI《えーあい》の仕組《しく》みは100%数学《すうがく》でできている」ということなんだ。

たとえば「ChatGPT《ちゃっとじーぴーてぃー》」は、質問《しつもん》や指示《しじ》に対《たい》してなめらかな文章《ぶんしょう》で返答《へんとう》するAI《えーあい》だけど、文法《ぶんぽう》を理解《りかい》しているわけじゃないとされている。学習《がくしゅう》データの処理《しょり》の仕方《しかた》を決《き》める数《かず》の集《あつ》まり（パラメーターと呼《よ》ぶよ）にしたがって文章《ぶんしょう》を作《つく》っていて、より良《よ》いパラメーターを選《えら》ぶために微分《びぶん》（計算法《けいさんほう》のひとつ）が使《つか》われているんだ。

算数《さんすう》や数学《すうがく》はAI開発《えーあいかいはつ》において欠《か》かせない知識《ちしき》になっているんだよ。

90通《とお》りのかけ算《ざん》で使《つか》える
ラッキーあゆみ算《ざん》 ❹

かける数《かず》が11だったらラッキー!

この計算《けいさん》は解《と》く順番《じゅんばん》が大事《だいじ》だよ!
❶→❷→❸の順《じゅん》に計算《けいさん》していこう!

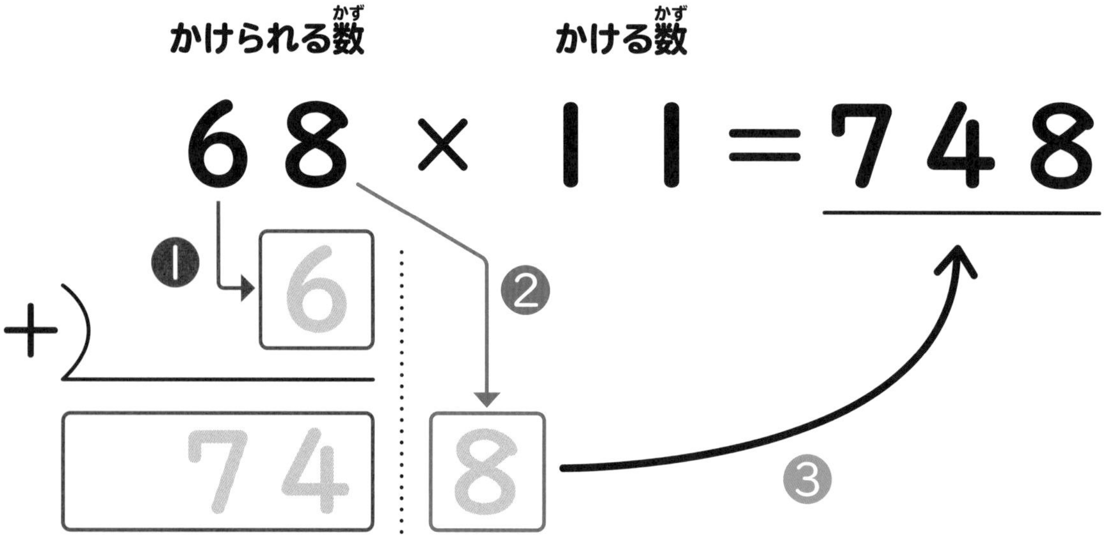

❶ かけられる数《かず》の十《じゅう》の位《くらい》(6)を□に書《か》き写《うつ》して、
点線《てんせん》の左側《ひだりがわ》だけをひっ算《さん》する

68+6=74

❷ かけられる数《かず》の一《いち》の位《くらい》(8)を□に書《か》き写《うつ》す

❸ ▭と□の数《かず》(74)(8)を
そのまま答《こた》えに書《か》き写《うつ》せば完成《かんせい》!(答《こた》えは748)

STEP 1 いっしょに解《と》いてみよう！
❶→❷→❸の順番《じゅんばん》に数字《すうじ》を書《か》こう。

93 × 11 ＝ 1023

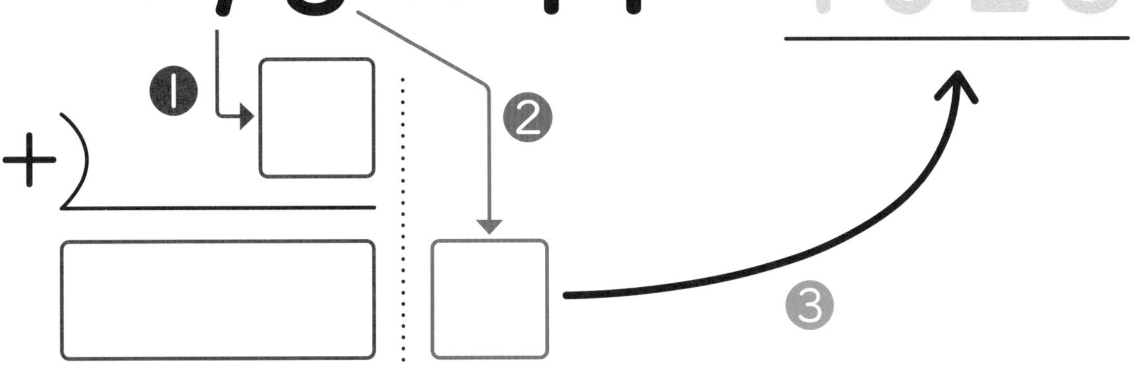

❶ 9を□に書《か》き写《うつ》して、**点線《てんせん》の左側《ひだりがわ》**のひっ算《さん》

93＋9

の答《こた》えを［　　］に書《か》こう

※［　　］に入《はい》る数字《すうじ》は3ケタになるよ！

❷ **3**を□に書《か》き写《うつ》そう

❸ ［　　］と□の数字《すうじ》（**102**）（**3**）を
そのまま答《こた》えの欄《らん》に書《か》き写《うつ》そう

完成《かんせい》！ 答《こた》えは **1023** だね！
※11が左側《ひだりがわ》にある問題《もんだい》は、かけられる数《かず》とかける数《かず》の位置《いち》を入《い》れかえれば、同《おな》じように計算《けいさん》できるよ！

順番《じゅんばん》を思《おも》い出《だ》しながら解《と》いてみよう

かける数《かず》が11だったらラッキー！

プレートに数字《すうじ》を書《か》いて解《と》いてみよう 練習問題《れんしゅうもんだい》

順番《じゅんばん》を思《おも》い出《だ》しながら計算《けいさん》していこう！

問題《もんだい》①

62 × 11 = ________

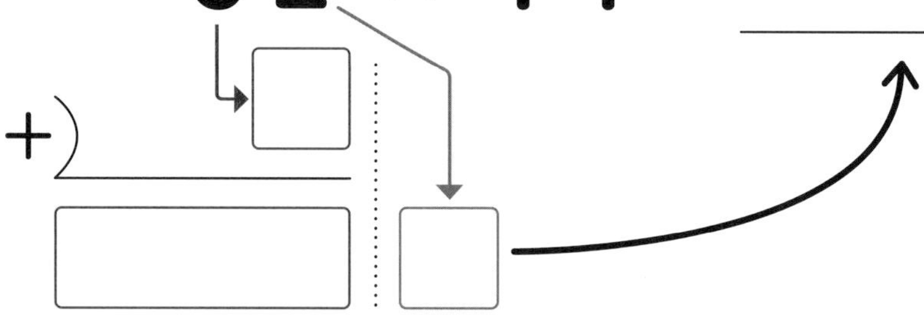

問題《もんだい》②

45 × 11 = ________

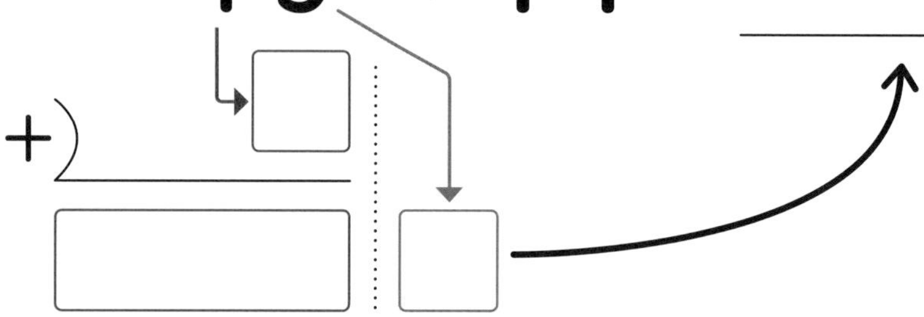

問題《もんだい》③

57 × 11 = ________

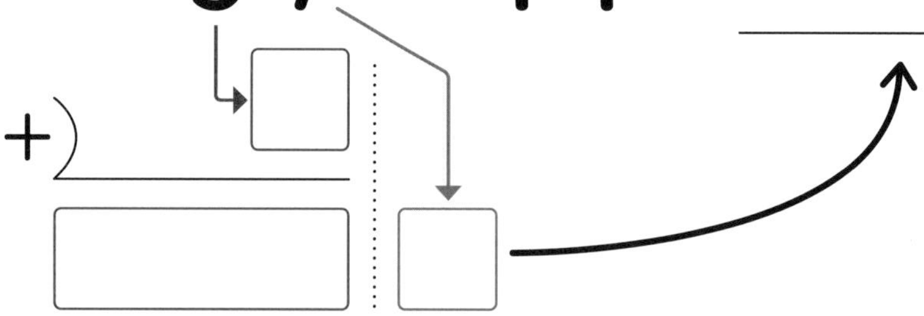

問題《もんだい》④

74 × 11 = ________

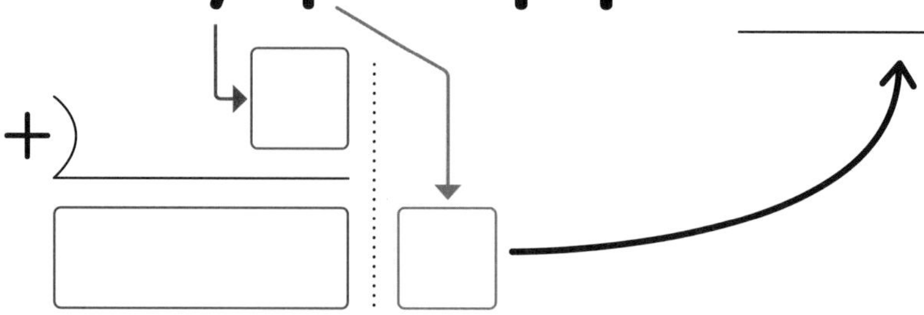

問題《もんだい》の答《こた》えが3ケタと4ケタ、どちらになるか注意《ちゅうい》しよう！

答《こた》えはP.92だよ

問題《もんだい》5

36 × 11 = ＿＿＿＿

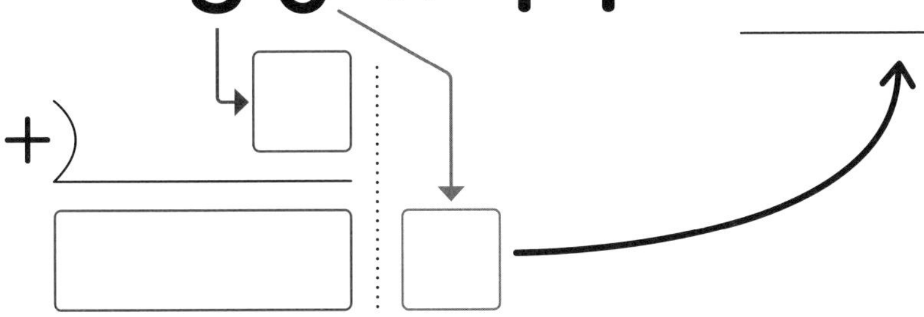

問題《もんだい》6

96 × 11 = ＿＿＿＿

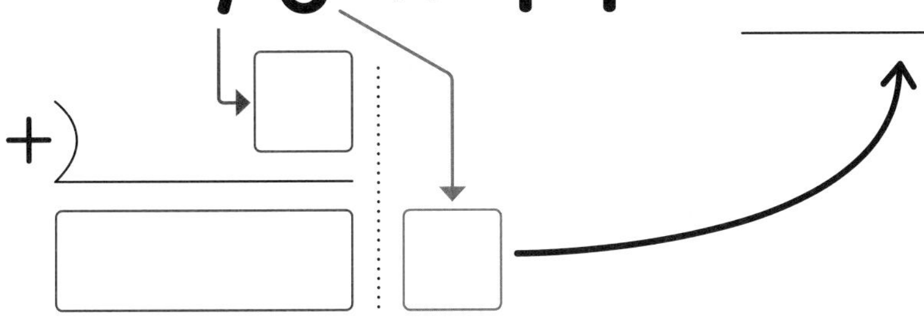

問題《もんだい》7

29 × 11 = ＿＿＿＿

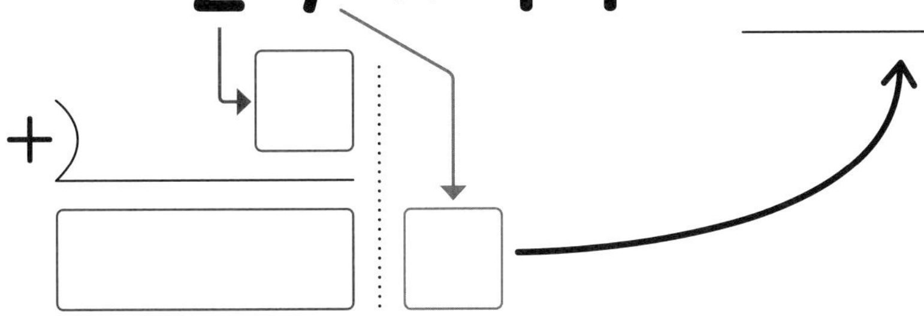

問題《もんだい》8

94 × 11 = ＿＿＿＿

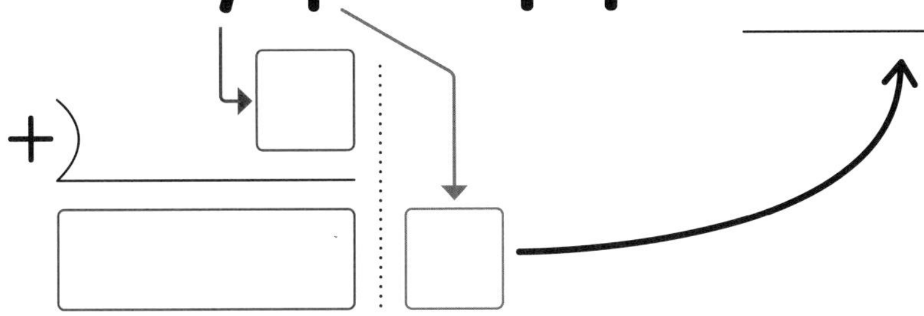

さぁ、暗算《あんざん》にチャレンジだ！

かける数《かず》が11だったらラッキー！

プレートに数字《すうじ》を書《か》かずに解《と》いてみよう 練習問題《れんしゅうもんだい》

ここからはプレートに入《はい》る数字《すうじ》を頭《あたま》の中《なか》でイメージしよう！
（暗算《あんざん》に慣《な》れるまでは数字《すうじ》をメモしてもいいよ）

問題《もんだい》①

$41 \times 11 =$ ＿＿＿＿＿＿

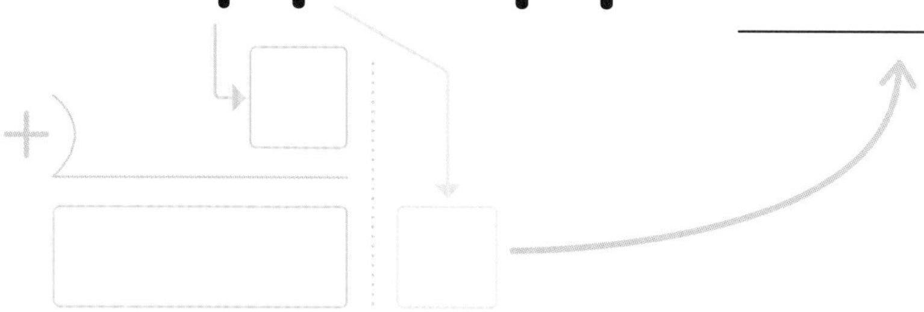

問題《もんだい》②

$67 \times 11 =$ ＿＿＿＿＿＿

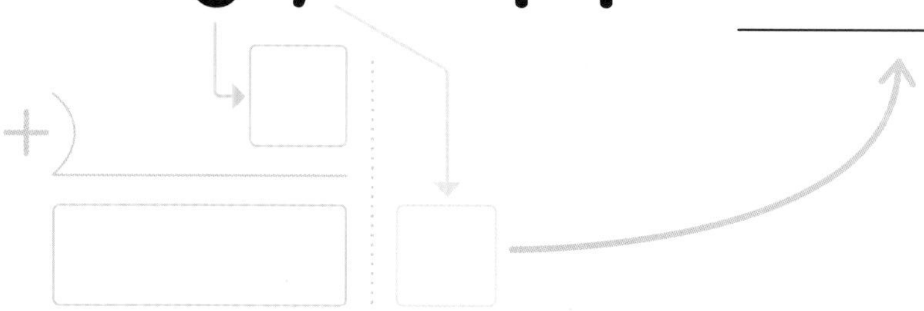

問題《もんだい》③

$83 \times 11 =$ ＿＿＿＿＿＿

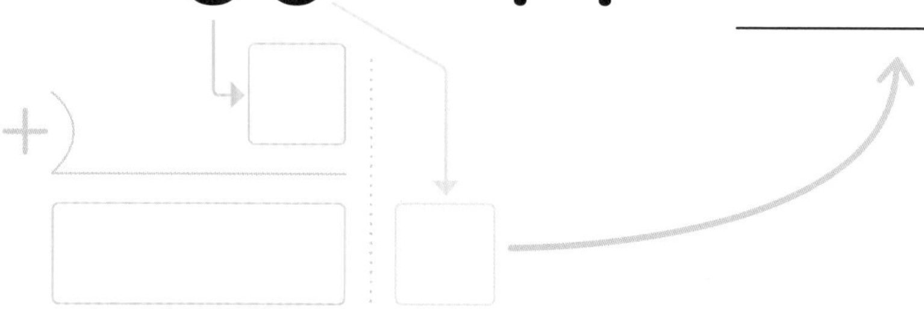

問題《もんだい》④

$98 \times 11 =$ ＿＿＿＿＿＿

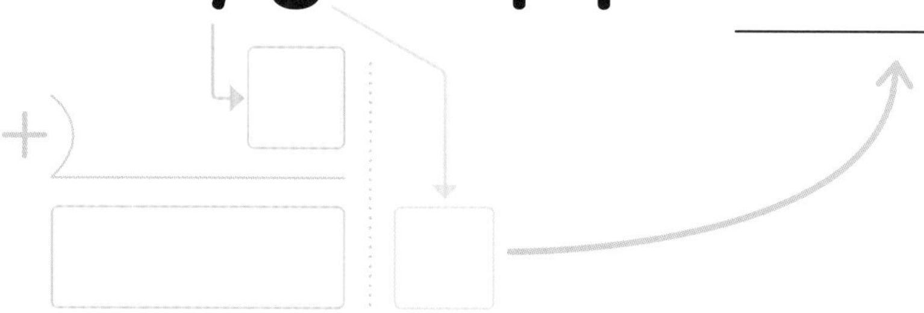

かける数《かず》が11だったらラッキー！

暗算《あんざん》で解《と》いてみよう

小《しょう》テスト

プレートを消《け》して暗算《あんざん》にチャレンジ！
頭《あたま》の中《なか》で数字《すうじ》をイメージしながら解《と》いていこう！ 答《こた》えはP.92だよ

問題《もんだい》1

26 × 11 ＝

問題《もんだい》2

63 × 11 ＝

問題《もんだい》3

47 × 11 ＝

問題《もんだい》4

92 × 11 ＝

問題《もんだい》5

53 × 11 ＝

問題《もんだい》6

37 × 11 ＝

問題《もんだい》7

95 × 11 ＝

問題《もんだい》8

86 × 11 ＝

かける数《かず》が11だった場合《ばあい》のかけ算《ざん》の暗算《あんざん》はバッチリだね！

81通《とお》りの
かけ算《ざん》で使《つか》える
ラッキー
あゆみ算《ざん》
5

十《じゅう》の位《くらい》が9どうしだったら ラッキー！

この計算《けいさん》も、解《と》く順番《じゅんばん》が大事《だいじ》なんだ！
❶→❷→❸→❹の順《じゅん》に計算《けいさん》していこう！

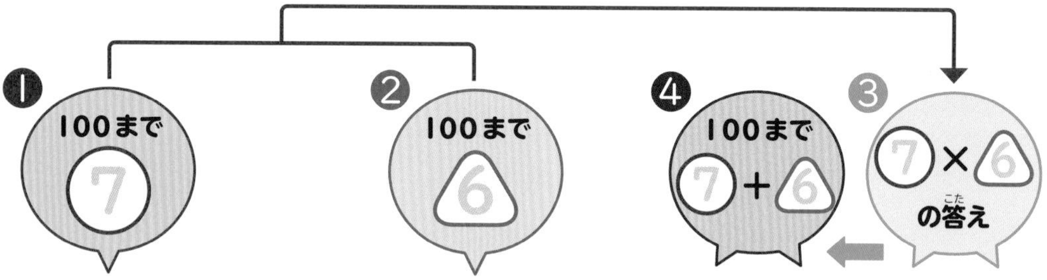

93 × 94＝8742

かけられる数《かず》　　かける数《かず》

❶ 「かけられる数《かず》(**93**)にたして100になる数字《すうじ》」を、かけられる数《かず》の上《うえ》の○に書《か》く(**7**)

❷ かける数《かず》(**94**)も同《おな》じように、上の△に数字《すうじ》を書《か》く(**6**)

❸ ○と△のかけ算《ざん》の答《こた》えを、十《じゅう》の位《くらい》と一《いち》の位《くらい》に書《か》く(**7**×**6**＝**42**)

❹ ○と△のたし算《ざん》(**7**＋**6**＝**13**)。「**13**をたして100になる数字《すうじ》」を千《せん》の位《くらい》と百《ひゃく》の位《くらい》に書《か》く(**100**－**13**＝**87**)
(答《こた》えは**8742**)

STEP 1 いっしょに解《と》いてみよう！

❶→❷→❸→❹の順番《じゅんばん》に数字《すうじ》を書《か》こう。

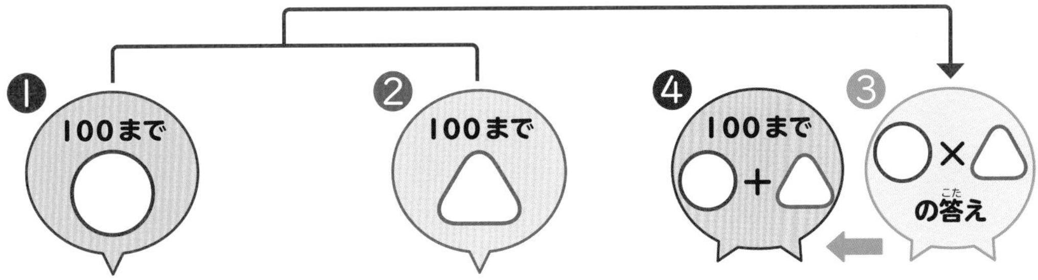

98 × 97 = 9506

❶ 「**98**にたして100になる数字《すうじ》」を○に書《か》こう

❷ 「**97**にたして100になる数字《すうじ》」を△に書《か》こう

❸ ○×△（**2**×**3**）の答《こた》えを、十《じゅう》の位《くらい》と一《いち》の位《くらい》に書《か》こう
※答《こた》えが1ケタになる場合《ばあい》は
「6」を「06」のように直《なお》して書《か》こう！

❹ ○＋△（**2**＋**3**）は**5**だから、
「**5**をたして100になる数字《すうじ》」を千《せん》の位《くらい》と百《ひゃく》の位《くらい》に書《か》こう
（つまり **100**－**5**の答《こた》えだよ）

完成《かんせい》！ 答《こた》えは**9506**だね！
○×△のかけ算《ざん》をするときに、
○と△の数字《すうじ》を忘《わす》れずにいることが大事《だいじ》だよ。
そうすることで、暗算《あんざん》でスムーズに答《こた》えが出《だ》せるんだ！

ラッキー
あゆみ算《さん》❺
STEP 2

十《じゅう》の位《くらい》が9どうしだったらラッキー！

プレートに数字《すうじ》を書《か》いて解《と》いてみよう 練習問題《れんしゅうもんだい》

❶→❷→❸→❹の順《じゅん》に、マークに数字《すうじ》を書《か》いて解《と》いていこう！

問題《もんだい》①

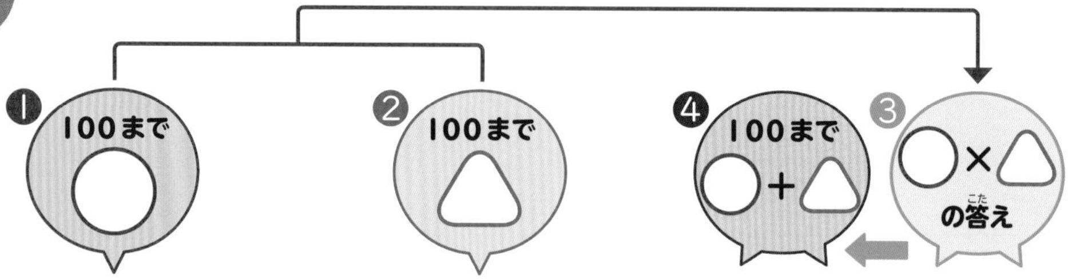

97 × 96 ＝ ＿＿ ＿＿ ＿＿ ＿＿

問題《もんだい》②

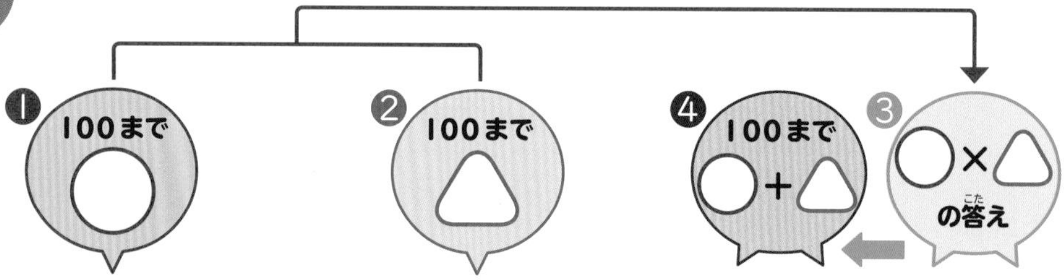

96 × 94 ＝ ＿＿ ＿＿ ＿＿ ＿＿

問題《もんだい》③

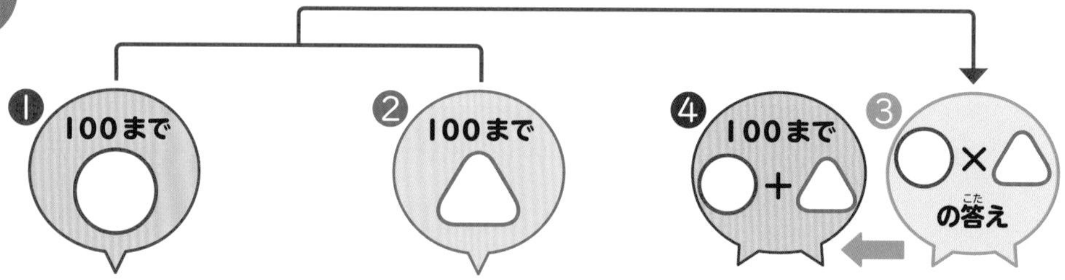

98 × 96 ＝ ＿＿ ＿＿ ＿＿ ＿＿

問題《もんだい》❸の2×4の答《こた》えは1ケタだから
「08」を十《じゅう》の位《くらい》と一《いち》の位《くらい》に書《か》こう！

次《つぎ》のページでプレートをうすくするね。
解《と》く順番《じゅんばん》をしっかり覚《おぼ》えよう！

答《こた》えはP.93だよ

問題《もんだい》❹

93 × 99 ＝ ＿＿ ＿＿ ＿＿ ＿＿

問題《もんだい》❺

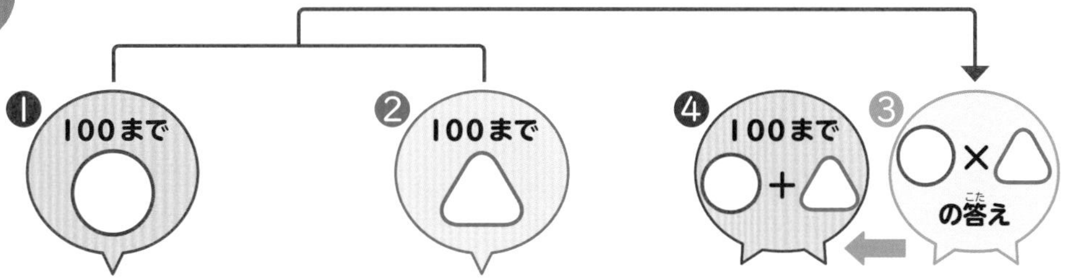

95 × 93 ＝ ＿＿ ＿＿ ＿＿ ＿＿

問題《もんだい》❻

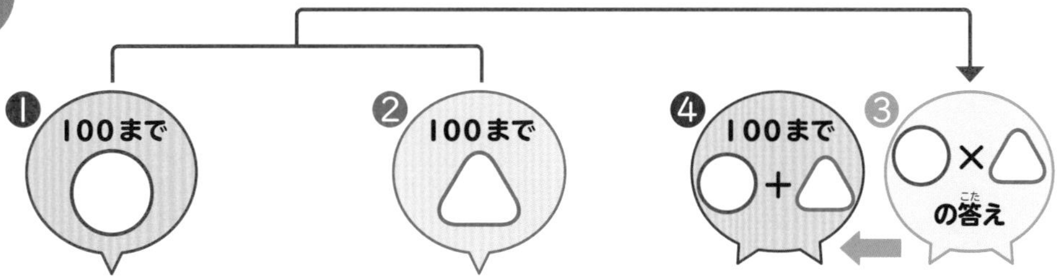

94 × 91 ＝ ＿＿ ＿＿ ＿＿ ＿＿

問題《もんだい》❺の千《せん》と百《ひゃく》の位《くらい》に入《はい》る数《かず》は
「100－12」と考《かんが》えることもできるね！
問題《もんだい》❻も同《おな》じように考《かんが》えてみよう！

どんどん解《と》いてみよう

十《じゅう》の位《くらい》が9どうしだったらラッキー！

プレートに数字《すうじ》を書《か》かずに解《と》いてみよう 練習問題《れんしゅうもんだい》

ここからはプレートに入《はい》る数字《すうじ》を頭《あたま》の中《なか》でイメージしよう！

（答《こた》えは **十《じゅう》の位《くらい》と一《いち》の位《くらい》 → 千《せん》の位《くらい》と百《ひゃく》の位《くらい》** の順番《じゅんばん》に書《か》こう）

問題《もんだい》①

97 × 94 ＝ ＿＿ ＿＿ ＿＿ ＿＿

問題《もんだい》②

98 × 95 ＝ ＿＿ ＿＿ ＿＿ ＿＿

問題《もんだい》③

97 × 98 ＝ ＿＿ ＿＿ ＿＿ ＿＿

○×△のかけ算《ざん》をするときは○と△の数字《すうじ》を
忘《わす》れずにいることが暗算《あんざん》のコツだよ。

答《こた》えはP.93だよ

問題《もんだい》 ❹

$99 \times 93 =$ ＿＿ ＿＿ ＿＿ ＿＿

問題《もんだい》 ❺

$96 \times 92 =$ ＿＿ ＿＿ ＿＿ ＿＿

問題《もんだい》 ❻

$91 \times 95 =$ ＿＿ ＿＿ ＿＿ ＿＿

さぁ、暗算《あんざん》にチャレンジだ!

十《じゅう》の位《くらい》が9どうしだったらラッキー！

暗《あん》算《ざん》で解《と》いてみよう

小《しょう》テスト

プレートを消《け》して暗《あん》算《ざん》にチャレンジ！

頭《あたま》の中《なか》でプレートと数《すう》字《じ》をイメージしながら解《と》いていこう！ 答《こた》えはP.93だよ

問《もん》題《だい》①

96×97＝

問《もん》題《だい》②

94×98＝

問《もん》題《だい》③

98×99＝

問《もん》題《だい》④

95×96＝

問《もん》題《だい》⑤

97×93＝

問《もん》題《だい》⑥

96×98＝

問《もん》題《だい》⑦

91×97＝

問《もん》題《だい》⑧

92×93＝

十《じゅう》の位《くらい》が9どうしのかけ算《ざん》の暗《あん》算《ざん》がスイスイ解《と》けるね！

算《さん》数《すう》がもっと好《す》きになる！

Dr.《どくたー》イワナミのホームルーム

みんなの質問《しつもん》に答《こた》えるよ！

暗算《あんざん》が得意《とくい》になるコツはありますか？

「あゆみ算《ざん》」をマスターするコツは「忘《わす》れること」にあり！

これから教《おし》える「あゆみ算《ざん》」のコツをひと言《こと》でいうと「使《つか》わない数字《すうじ》を忘《わす》れること」なんだ！ 暗算《あんざん》なのに忘《わす》れるってどういうこと!? って思《おも》うよね。これから説明《せつめい》するよ！

じつは、暗算《あんざん》するために頭《あたま》の中《なか》で覚《おぼ》えておける数字《すうじ》の数《かず》は意外《いがい》なほど少《すく》ないんだ。

5～6つ以上《いじょう》の数字《すうじ》を頭《あたま》の中《なか》に思《おも》いうかべながら計算《けいさん》するのは、先生《せんせい》でも難《むずか》しい。これこそが、２ケタ×２ケタのひっ算《さん》を暗算《あんざん》で解《と》くことが難《むずか》しい理由《りゆう》のひとつなんだ。

そこで「あゆみ算《ざん》」では、△△や□□の入《はい》ったプレートを使《つか》うよ。実《じつ》はコレ、計算《けいさん》して出《だ》した数《かず》の片方《かたほう》（十《じゅう》の位《くらい》または一《いち》の位《くらい》）を、意《い》識的《しきてき》に「忘《わす》れる」タイミングを示《しめ》しているんだ。〝ワーキングメモリ〟として頭《あたま》の中《なか》であつかう数字《すうじ》の数《かず》を減《へ》らすことで、2ケタ×2ケタの暗算《あんざん》をしやすくしているということだね！

つまり、「あゆみ算《ざん》」のプレートを使《つか》っても、正《ただ》しいやり方《かた》で解《と》くのと、まちがったやり方《かた》で解《と》くのとでは、暗算《あんざん》の難《なん》易《い》度《ど》が大《おお》きく変《か》わってしまうんだ。これから始《はじ》まる４つのステップで、「あゆみ算《ざん》」の正《ただ》しいやり方《かた》を楽《たの》しくマスターしよう！

これが2ケタ×2ケタの全《ぜん》パターンで使《つか》える 最強《さいきょう》の暗算法《あんざんほう》「あゆみ算《ざん》」だ！

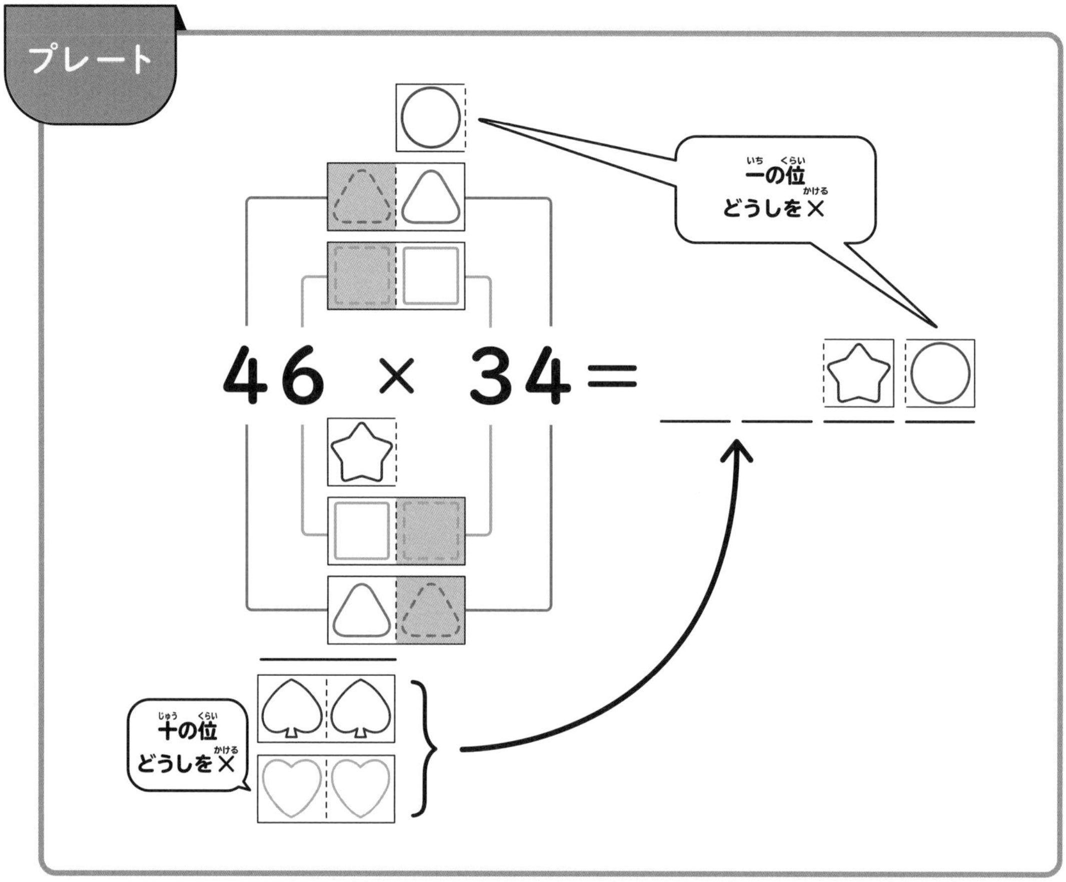

「あゆみ算《ざん》」は、上《うえ》の**プレート**を使《つか》って暗算《あんざん》するよ。一番上《いちばんうえ》（○）からスタートして答《こた》えのゴールまで〝歩《ある》いていく〟ように順番《じゅんばん》に計算《けいさん》することから「**あゆみ算《ざん》**」という名前《なまえ》をつけたんだ。

だから、**解《と》く順番《じゅんばん》が大事《だいじ》**なんだね！

「あゆみ算《ざん》」では、あえて△△や□□の**九九《くく》を２回《かい》に分《わ》けてやる**（一《いち》の位《くらい》だけ、十《じゅう》の位《くらい》だけ）ことが成功《せいこう》への近道《ちかみち》なんだ！

頭《あたま》の中《なか》に覚《おぼ》えておく数字《すうじ》を減《へ》らすことで、

暗算《あんざん》がグッとラクになるんだよ。

「あゆみ算《ざん》」は**暗算法《あんざんほう》**だから、マスターすれば暗算《あんざん》で速《はや》く正確《せいかく》に答《こた》えを出《だ》せるようになるよ！

最初《さいしょ》は書《か》いて計算《けいさん》

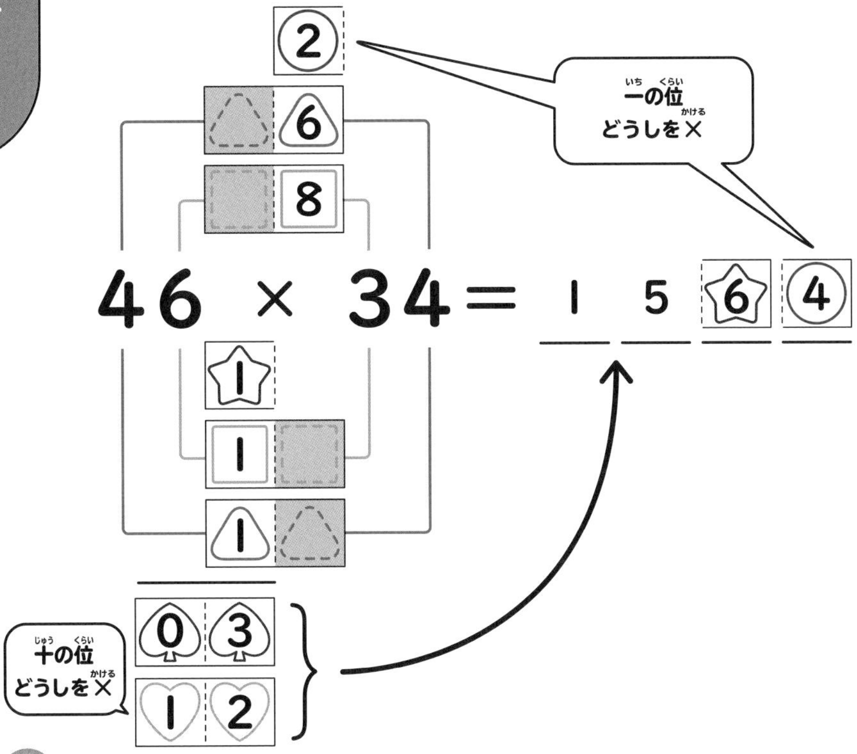

プレートを頭《あたま》の中《なか》でイメージできるようになるとこうなるよ！

やり方《かた》を覚《おぼ》えたら暗算《あんざん》！

$$46 \times 34 = 1564$$

「あゆみ算《ざん》」の途中《とちゅう》で出《だ》す数字《すうじ》はすべて**「十《じゅう》の位《くらい》&一《いち》の位《くらい》」のセット**なんだ！

「あゆみ算《ざん》」では計算《けいさん》の途中《とちゅう》で出《で》るすべての数字《すうじ》を「十《じゅう》の位《くらい》」と「一《いち》の位《くらい》」に分《わ》けて考《かんが》えるよ。

十《じゅう》の位《くらい》	一《いち》の位《くらい》
2	4

左側《ひだりがわ》は「十《じゅう》の位《くらい》」
右側《みぎがわ》は「一《いち》の位《くらい》」を
それぞれ表《あらわ》しているんだ。

あゆみ算《ざん》
STEP 1

あゆみ算《ざん》の上半分《うえはんぶん》の解《と》き方《かた》

それでは「73×26」を「あゆみ算《ざん》」で解《と》く方法《ほうほう》を説明《せつめい》するよ！

○（2つ）→△（1つ）→□（1つ）→☆（2つ）

の順番《じゅんばん》に数字《すうじ》を書《か》いていくよ！

（点線《てんせん》の△や□には何《なに》も書《か》かなくていいよ）

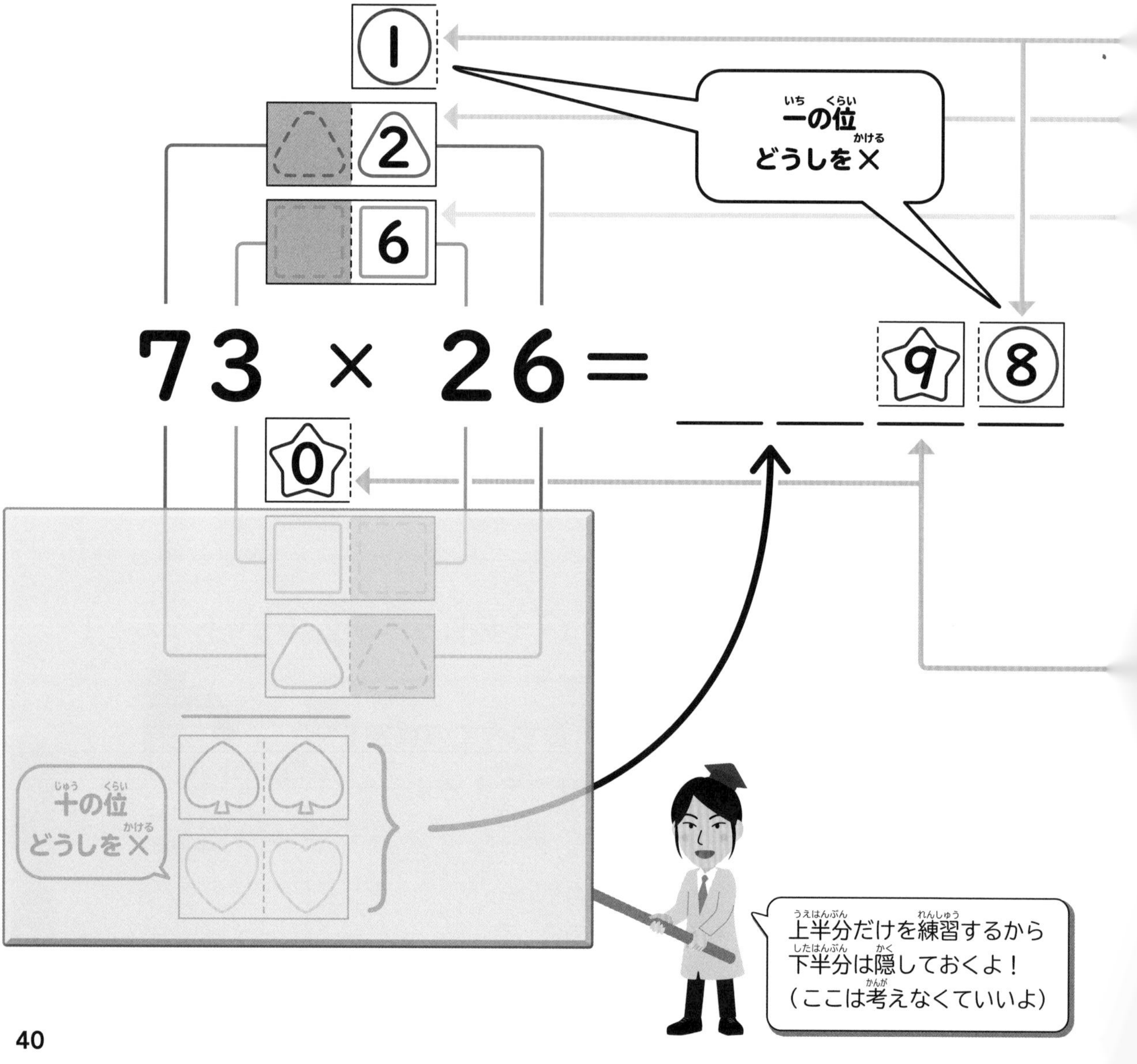

上《つえ》から❶→❷→❸→❹の順番《じゅんばん》に計算《けいさん》しよう！

❶

問題《もんだい》の**一《いち》の位《くらい》どうし**の九九《くく》

3 × 6 = 18

答《こた》えを○○の**左《ひだり》から**書《か》こう

❷

問題《もんだい》の**外側《そとがわ》の数《かず》どうし**の九九《くく》

7 × 6 = 42

答《こた》えの**一《いち》の位《くらい》だけ**を右《みぎ》の△に書《か》こう

答《こた》えの十《じゅう》の位《くらい》の数《かず》は忘《わす》れよう

❸

問題《もんだい》の**内側《うちがわ》の数《かず》どうし**の九九《くく》

3 × 2 = 06

答《こた》えの**一《いち》の位《くらい》だけ**を右《みぎ》の□に書《か》こう

※九九《くく》の答《こた》えが１ケタの場合《ばあい》は頭《あたま》に「０」をつけよう！

答《こた》えの十《じゅう》の位《くらい》の数《かず》は忘《わす》れよう

❹

〝おでん〟（タテにならんだ○△□）のたし算《ざん》

1 + 2 + 6 = 09

答《こた》えを☆☆の**左《ひだり》から**書《か》こう

※たした数《かず》が１ケタの場合《ばあい》は頭《あたま》に「０」をつけよう！

ここまでで「**一《いち》の位《くらい》**」と「**十《じゅう》の位《くらい》**」の答《こた》えが出《だ》せたよ！

実際《じっさい》に解《と》いてみよう ☞

あゆみ算《ざん》
STEP 1

あゆみ算《ざん》の 上《うえ》半《はん》分《ぶん》を解《と》いてみよう①

○○（左《ひだり》から）→△→□→☆☆（左《ひだり》から）

の順番《じゅんばん》に、色《いろ》のうすい数字《すうじ》をなぞって書《か》いていこう！

（点線《てんせん》の△や□には何《なに》も書《か》かなくていいよ）

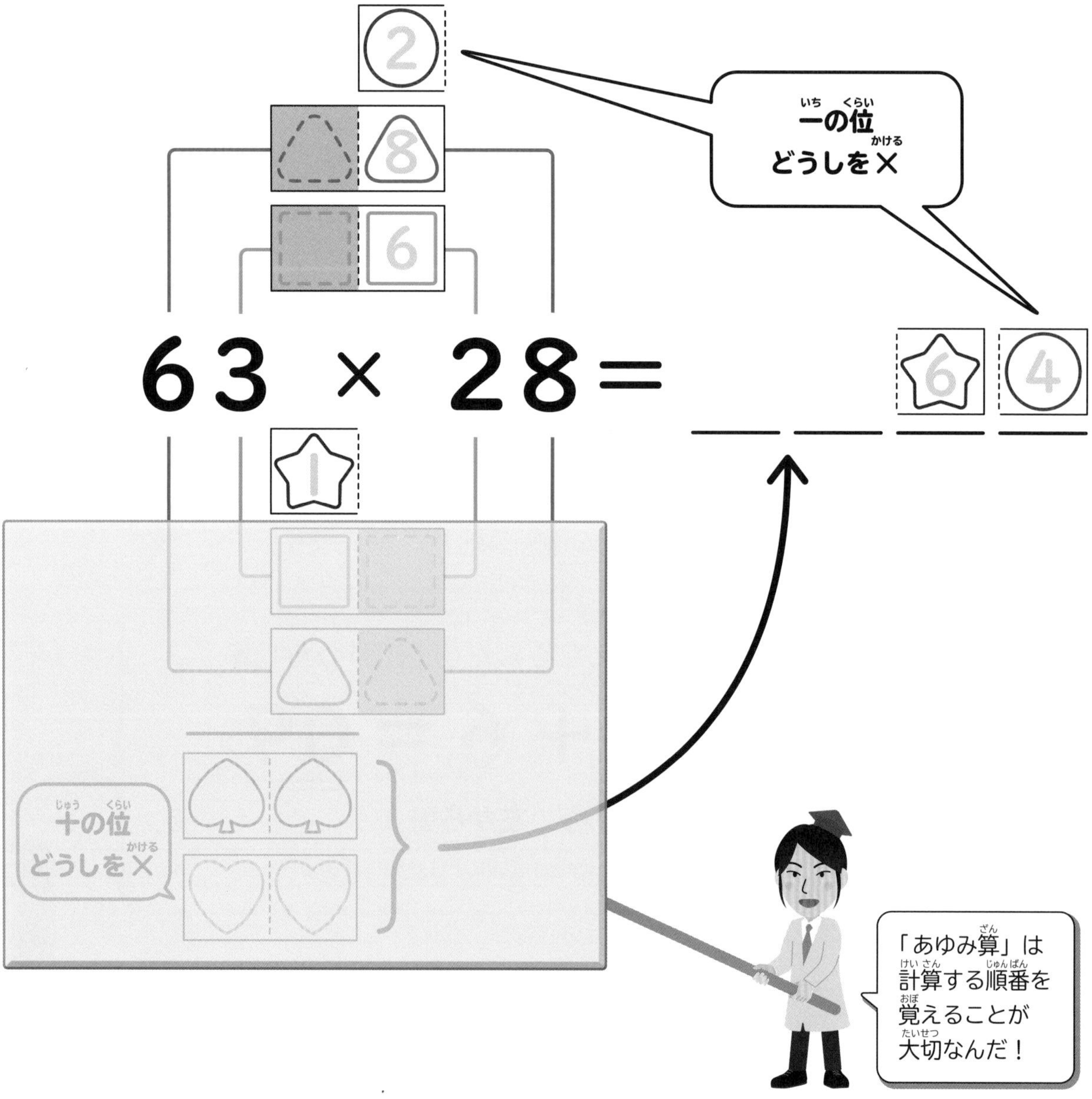

順番《じゅんばん》をもう一度確認《いちどかくにん》！ 上《うえ》から数字《すうじ》を書《か》いてみよう！

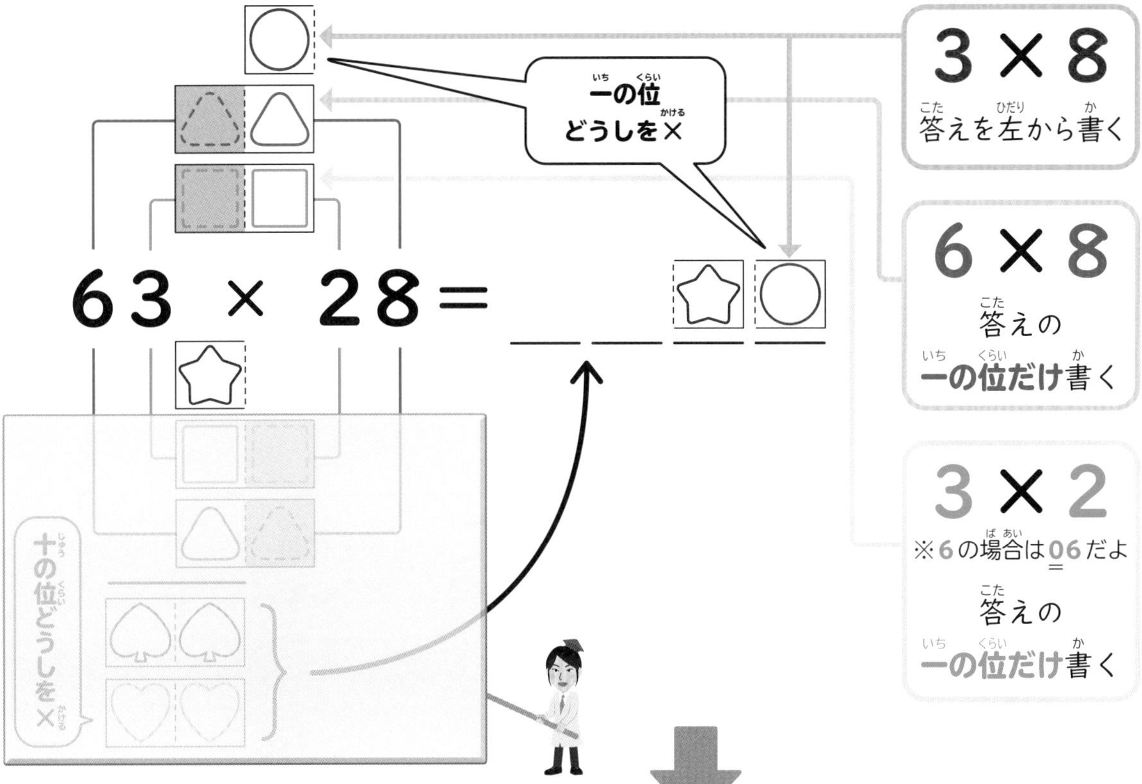

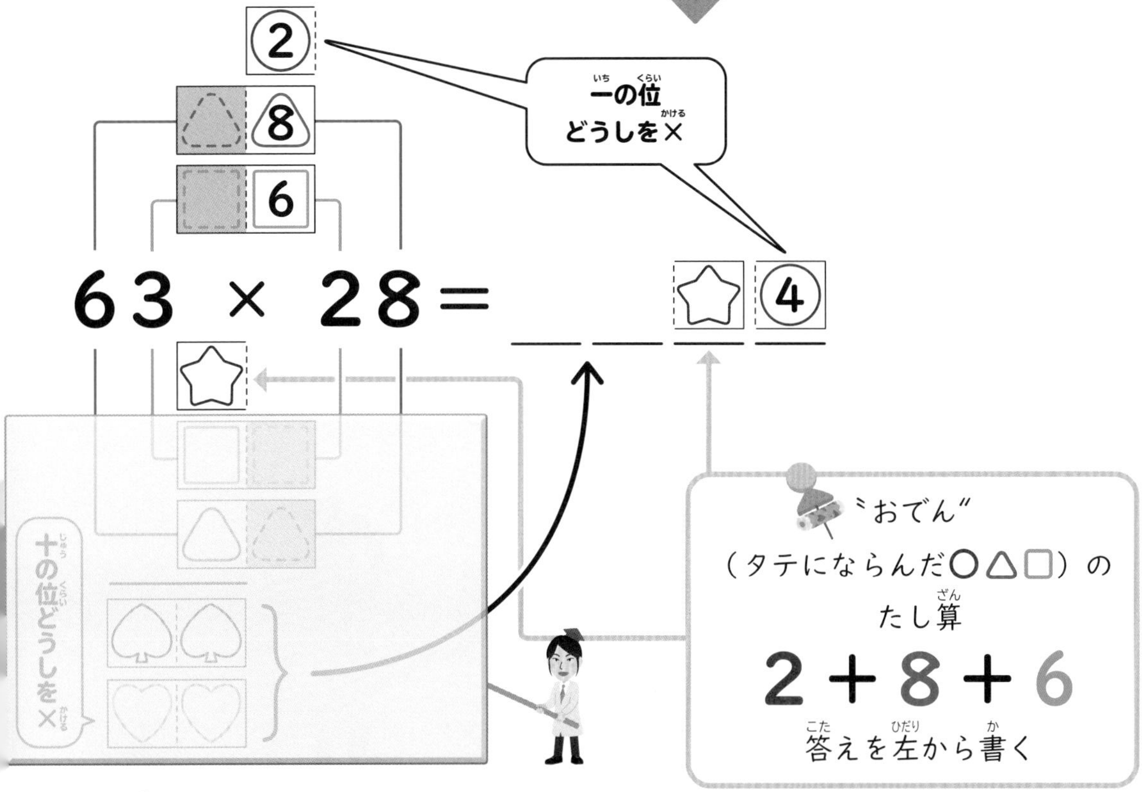

これで、「あゆみ算《ざん》」の上半分《うえはんぶん》は完成《かんせい》だよ！
ちなみに、左側《ひだりがわ》の☆には「0」「1」「2」以外《いがい》の数字《すうじ》は入《はい》らないよ。

あゆみ算《ざん》

STEP 1

あゆみ算《ざん》の上《うえ》半《はん》分《ぶん》を解《と》いてみよう②

○○(左《ひだり》から)→△→□→☆☆(左《ひだり》から)

の順番《じゅんばん》に、色《いろ》のうすい数字《すうじ》をなぞって書《か》いていこう！

(点線《てんせん》の△や□には何《なに》も書《か》かなくていいよ)

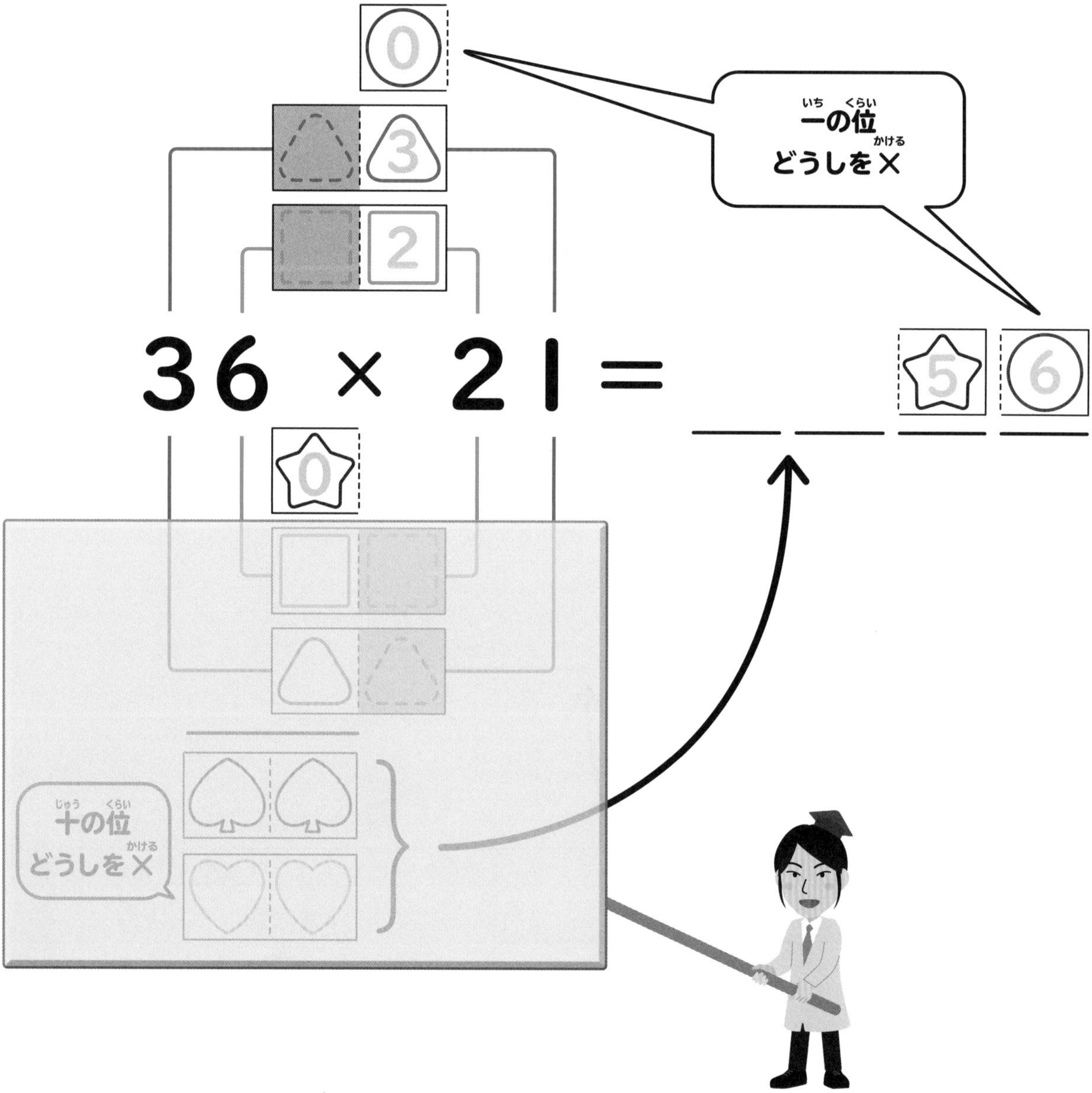

順番《じゅんばん》をもう一度確認《いちどかくにん》！ 上《うえ》から数字《すうじ》を書《か》いてみよう！

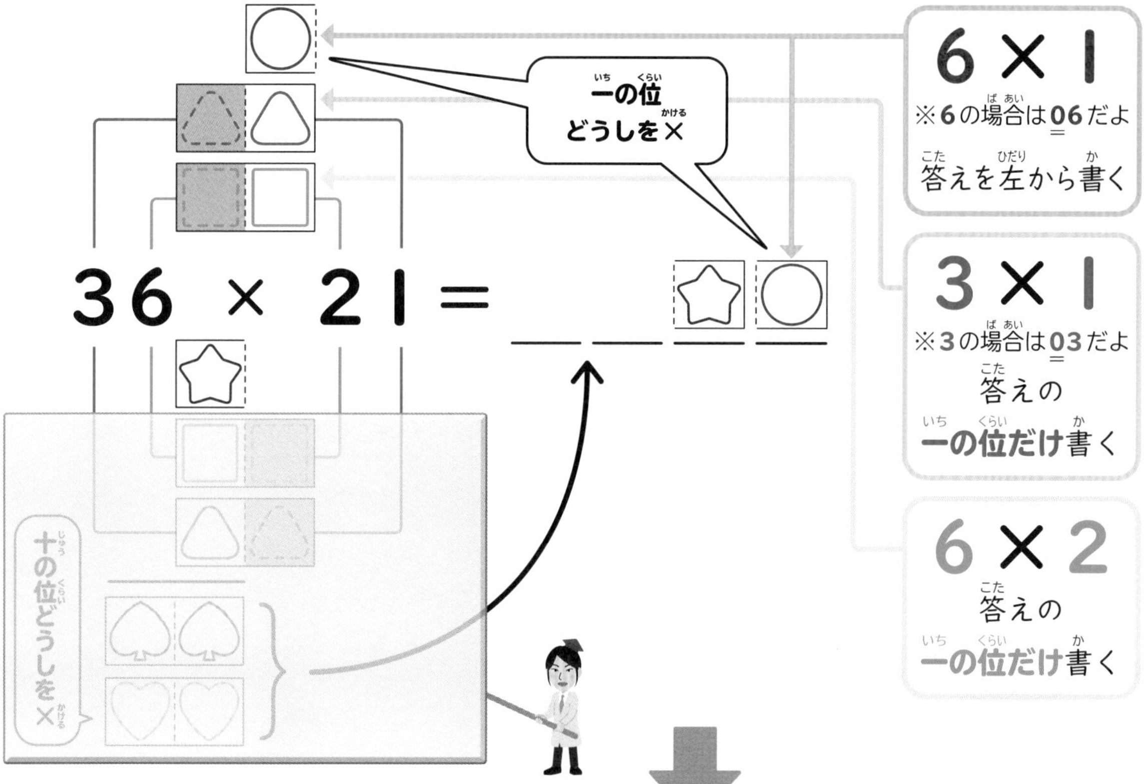

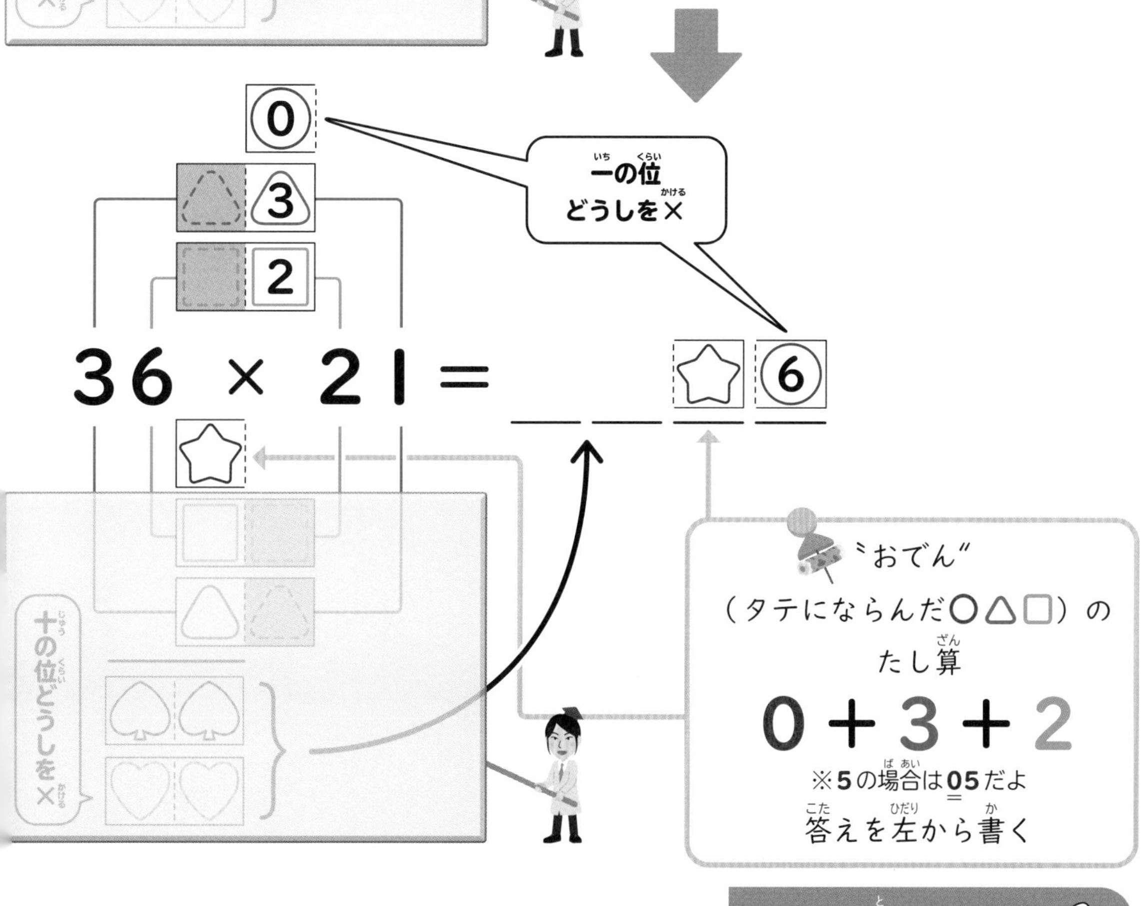

どんどん解《と》いてみよう

あゆみ算《ざん》
STEP 1

あゆみ算《ざん》の上半分《うえはんぶん》を解《と》いてみよう

基本練習《きほんれんしゅう》

○○（左《ひだり》から）→△→□→☆☆（左《ひだり》から）の順番《じゅんばん》に書《か》いていこう！

問題《もんだい》❶

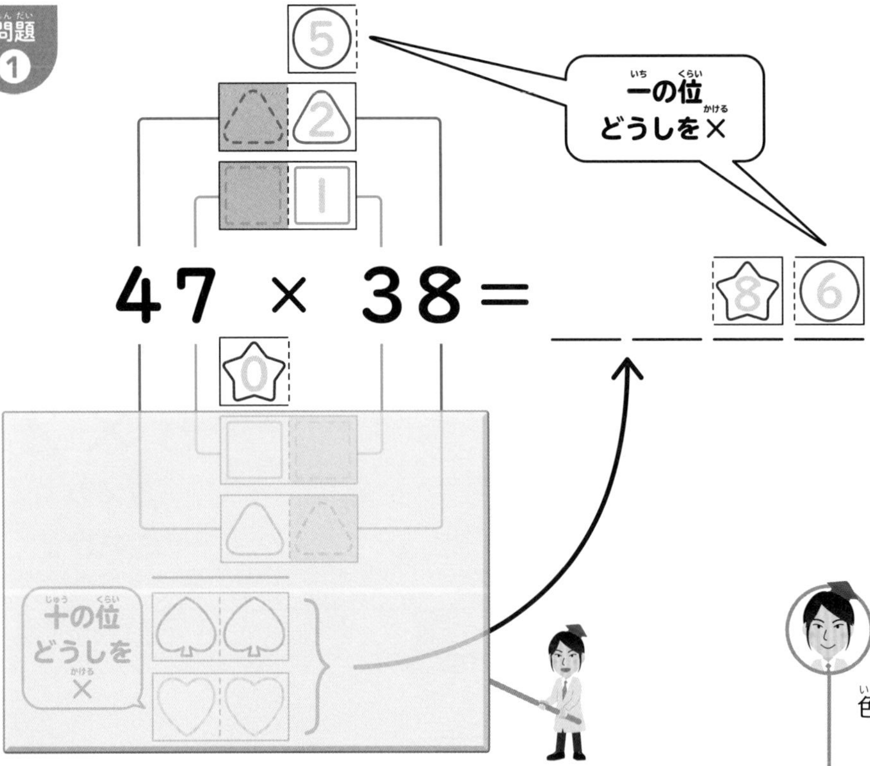

問題《もんだい》❷

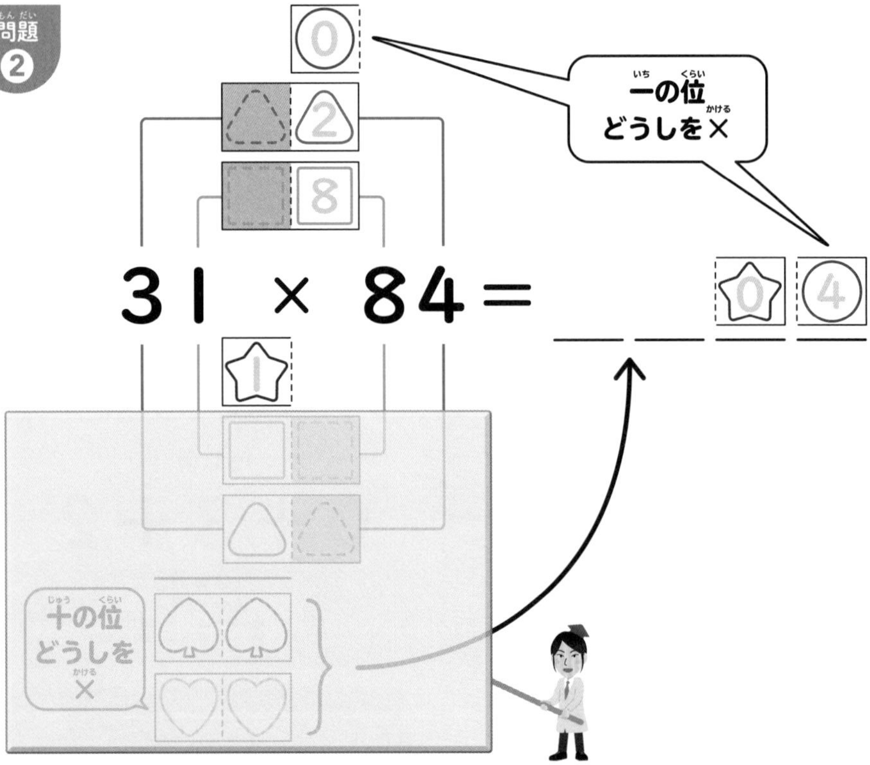

順番《じゅんばん》を思《おも》い出《だ》しながらプレートに数字《すうじ》を書《か》き込《こ》もう！
（点線《てんせん》の△や□には何《なに》も書《か》かなくていいよ） 答《こた》えはP.93だよ

問題《もんだい》❸

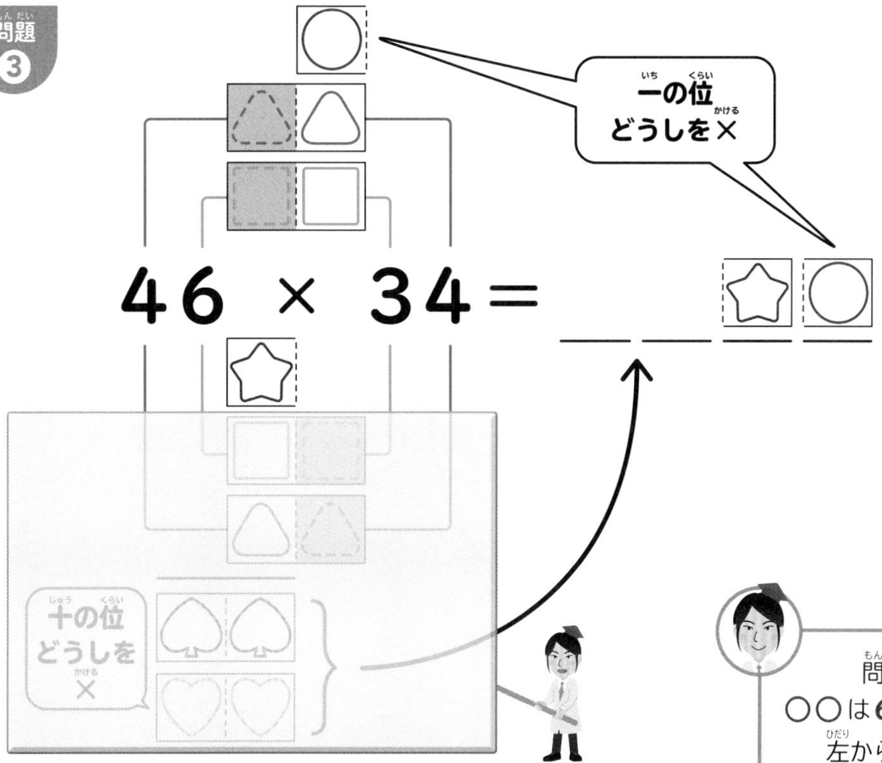

問題《もんだい》❸の
○○は6×4の答《こた》えを
左《ひだり》から書《か》こう！

問題《もんだい》❹

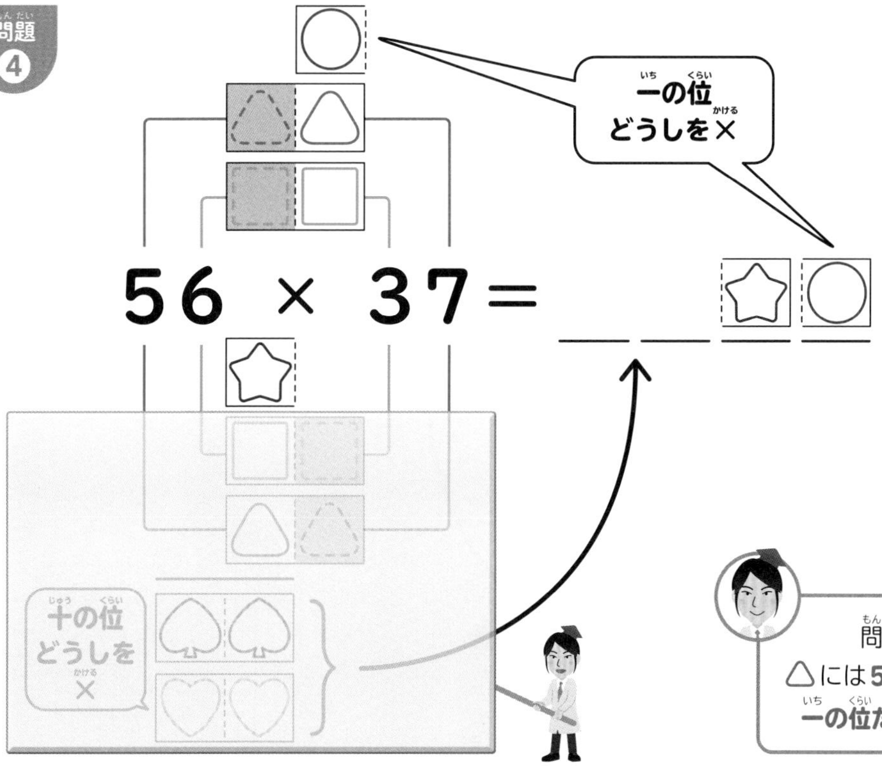

問題《もんだい》❹の
△には5×7の答《こた》えの
一《いち》の位《くらい》だけ書《か》こう！

あゆみ算《ざん》の上《うえ》半《はん》分《ぶん》を解《と》いてみよう

基《き》本《ほん》練《れん》習《しゅう》

○○（左《ひだり》から）→△→□→☆☆（左《ひだり》から）の順番《じゅんばん》に書《か》いていこう！

問題《もんだい》 5

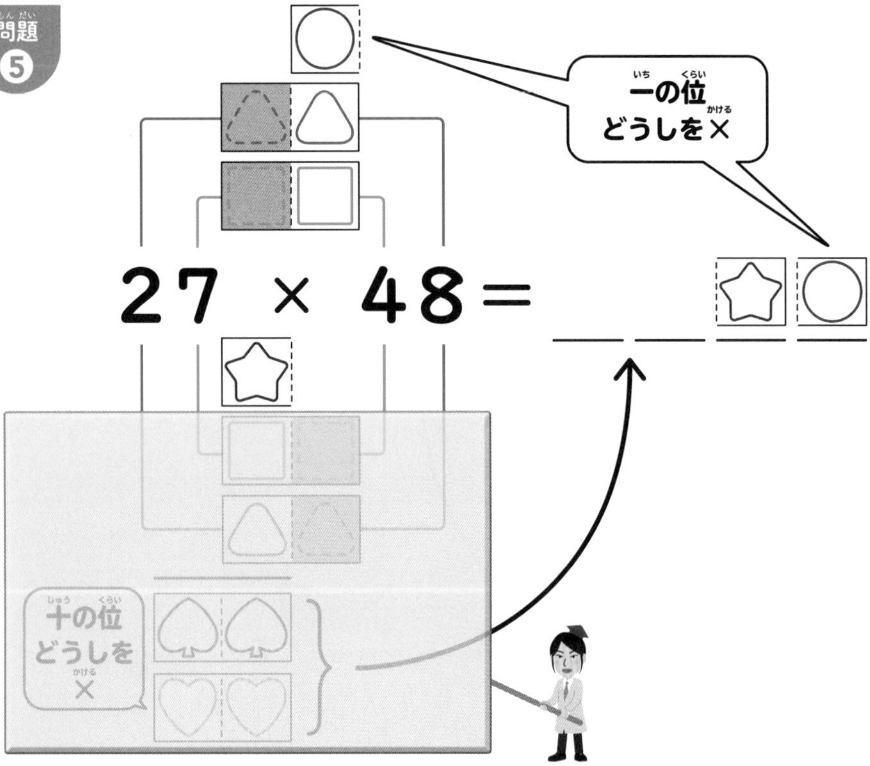

問題《もんだい》 6

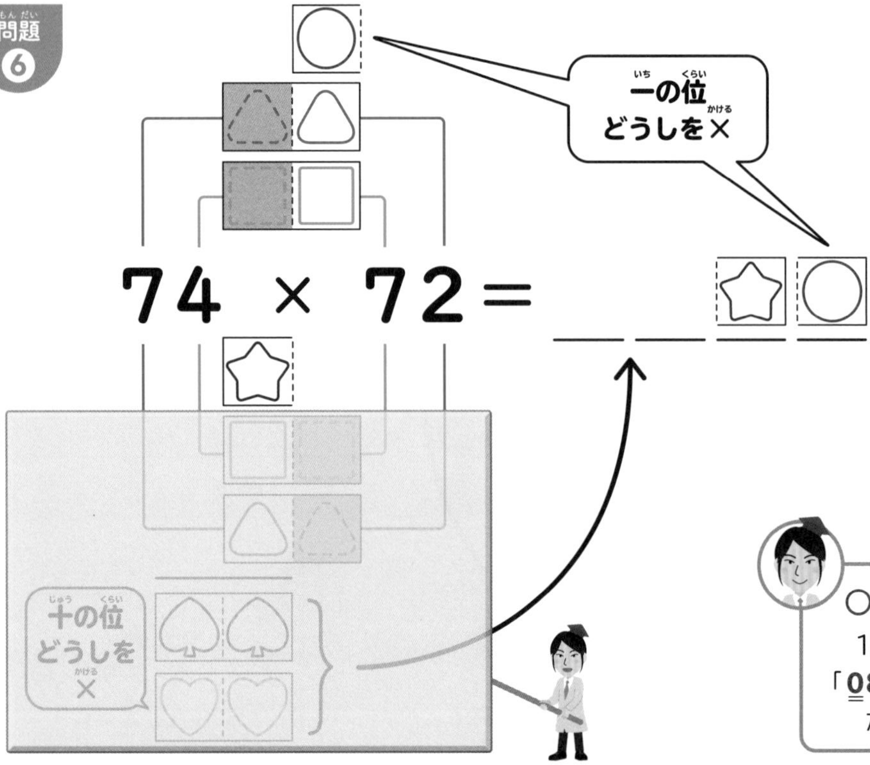

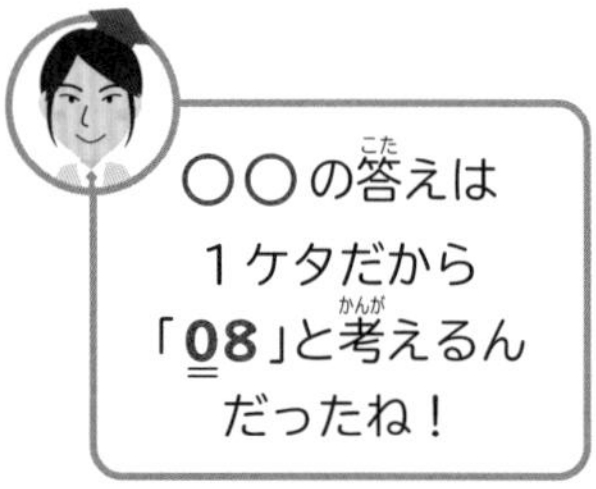

点線《てんせん》の△や□には何《なに》も書《か》かなくていいよ。

問題《もんだい》 7

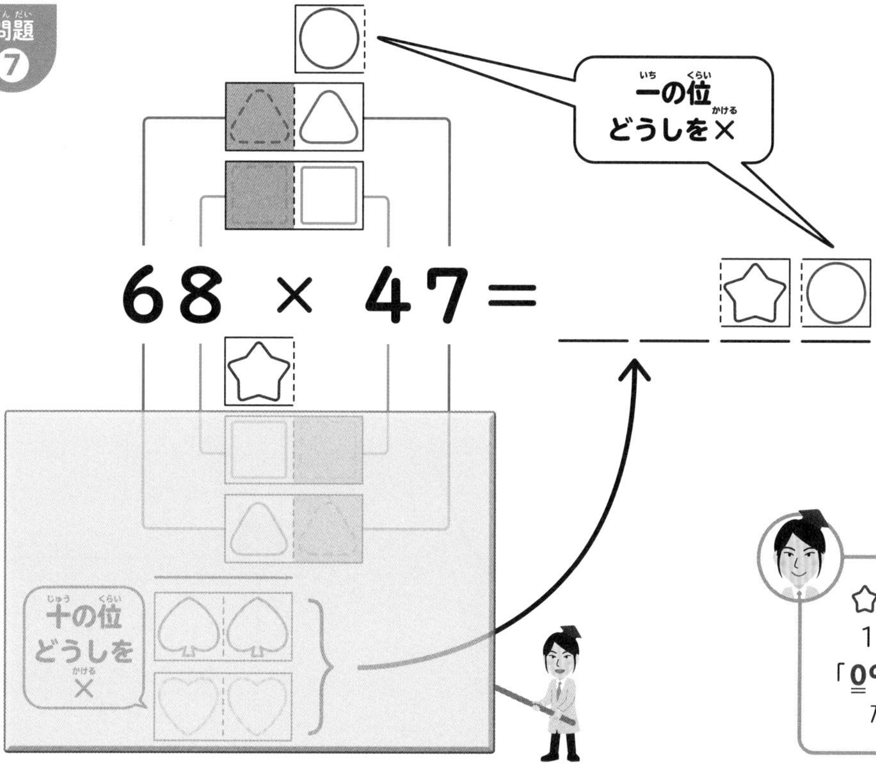

問題《もんだい》 8

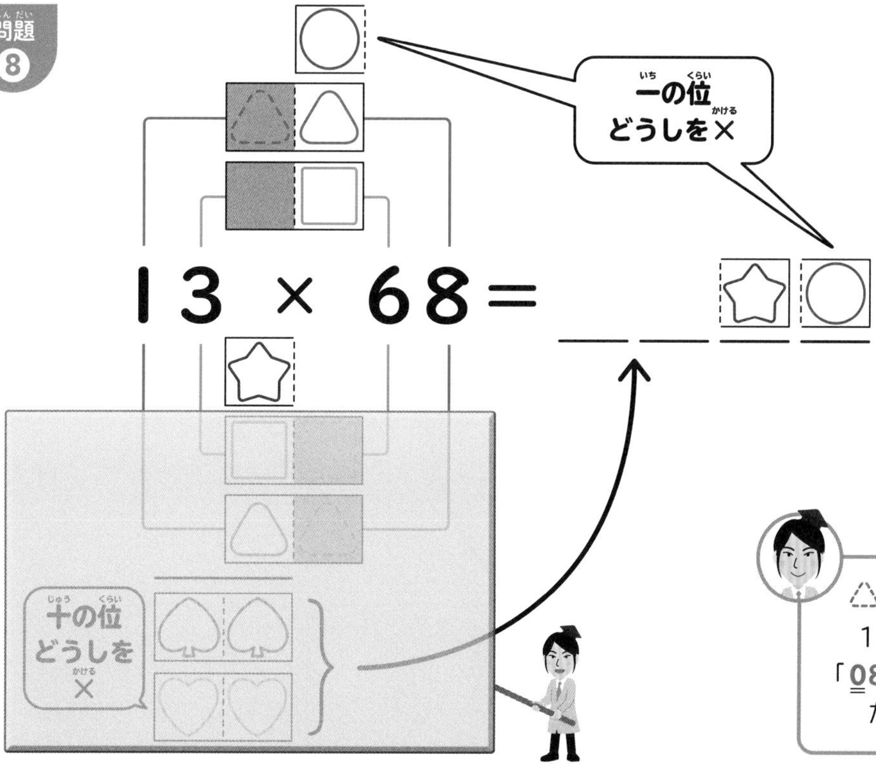

あゆみ算《ざん》の上半分《うえはんぶん》を解《と》いてみよう　基本練習《きほんれんしゅう》

○○(左《ひだり》から)→△→□→☆☆(左《ひだり》から)の順番《じゅんばん》に書《か》いていこう！

問題《もんだい》 9

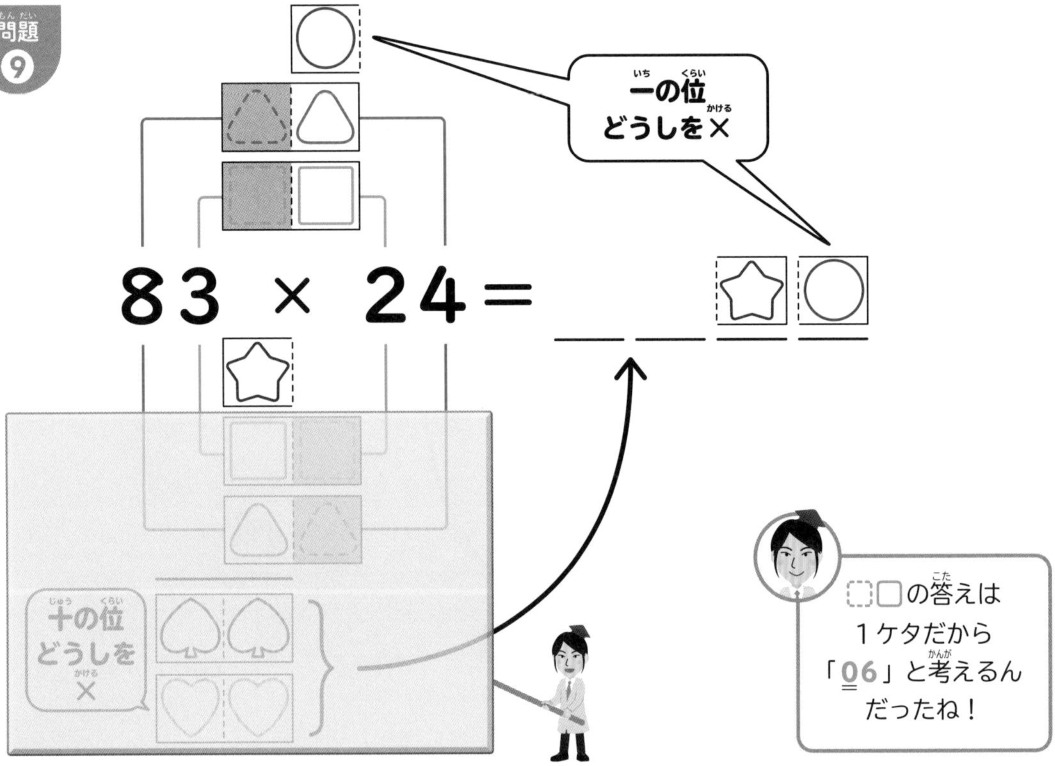

問題《もんだい》 10

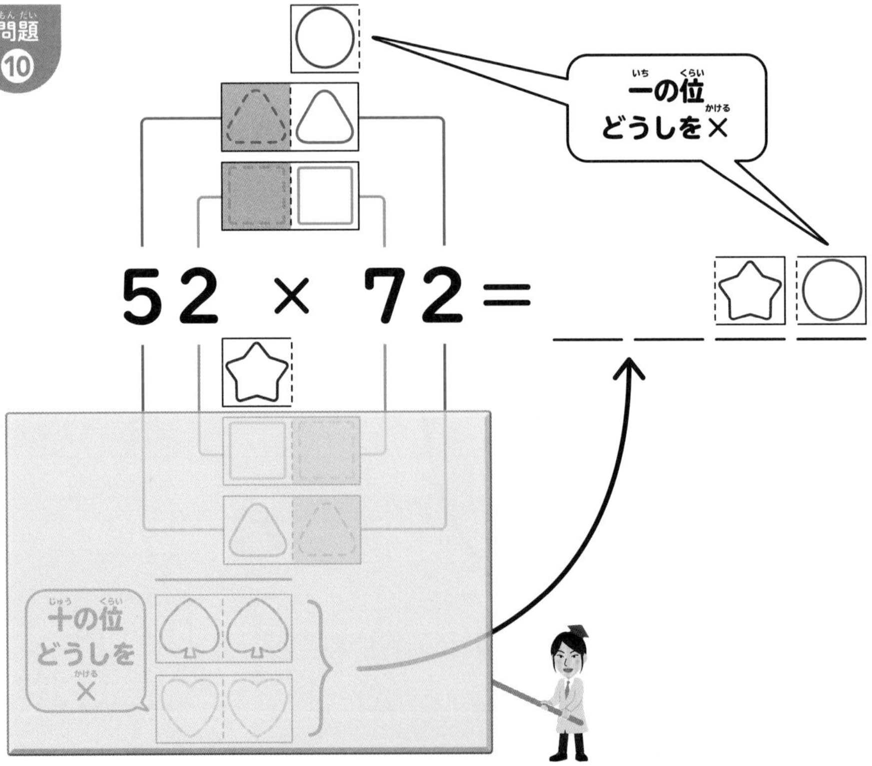

点線《てんせん》の△や□には何《なに》も書《か》かなくていいよ。

問題《もんだい》 11

89 × 46 =

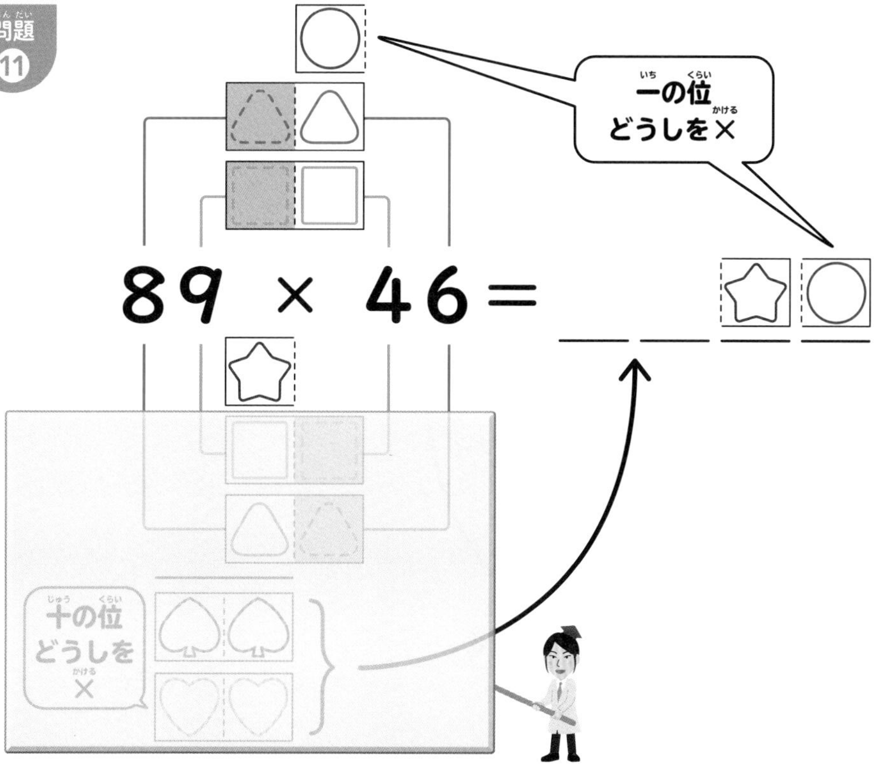

問題《もんだい》 12

26 × 15 =

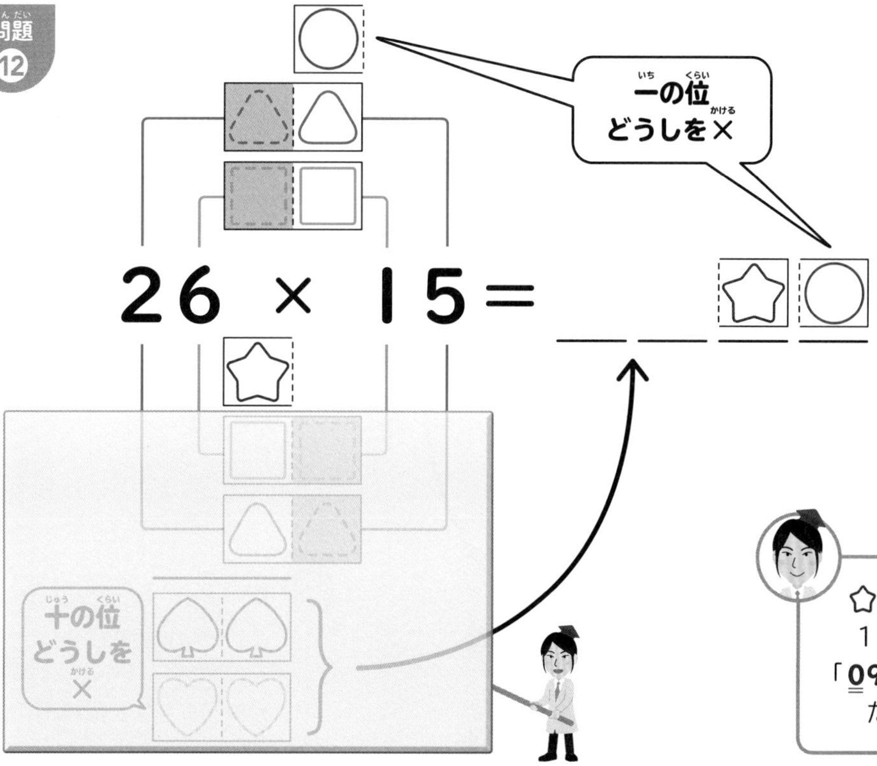

あゆみ算《ざん》の上《うえ》半《はん》分《ぶん》を解《と》いてみよう

基《き》本《ほん》練《れん》習《しゅう》

○○(左《ひだり》から)→△→□→☆☆(左《ひだり》から) の順番《じゅんばん》に書《か》いていこう！

問題《もんだい》 13

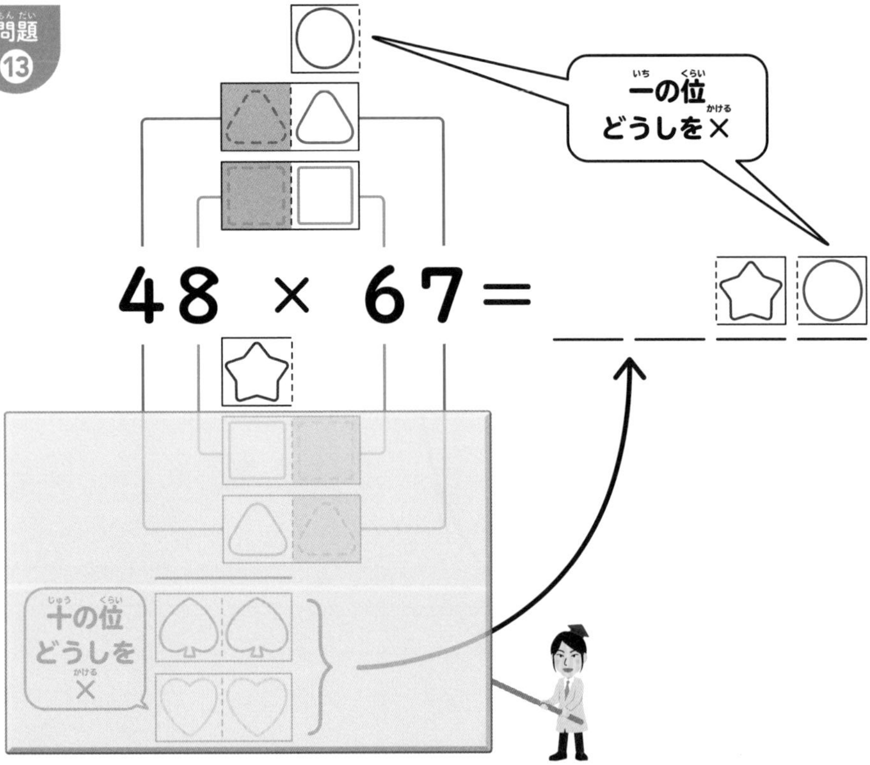

問題《もんだい》 14

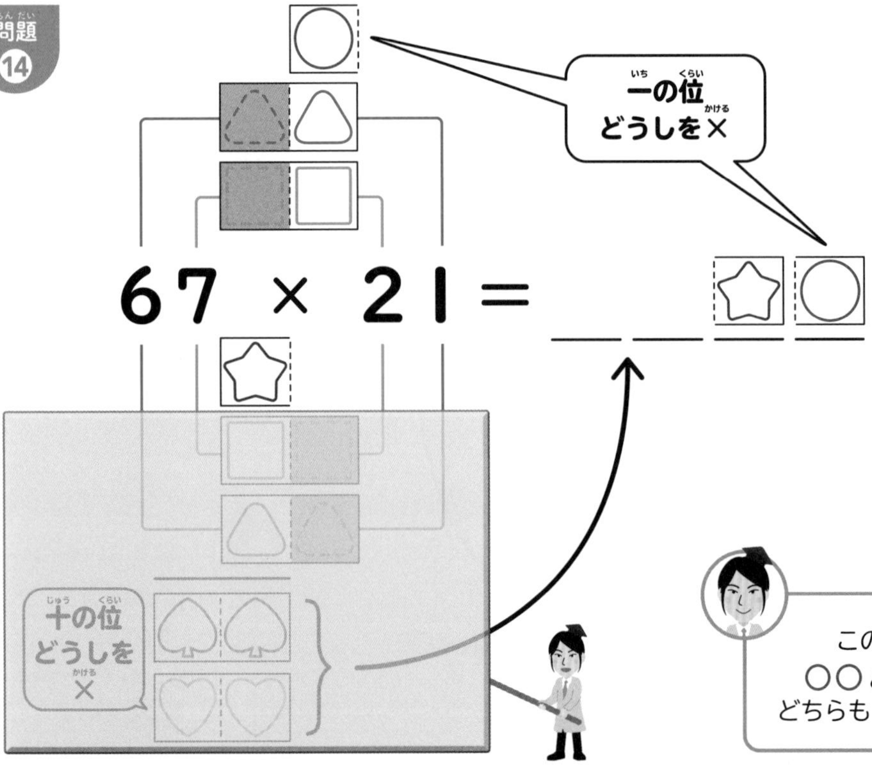

この問題《もんだい》は
○○と△△が
どちらも１ケタだね！

点線《てんせん》の△や□には何《なに》も書《か》かなくていいよ。

問題《もんだい》 15

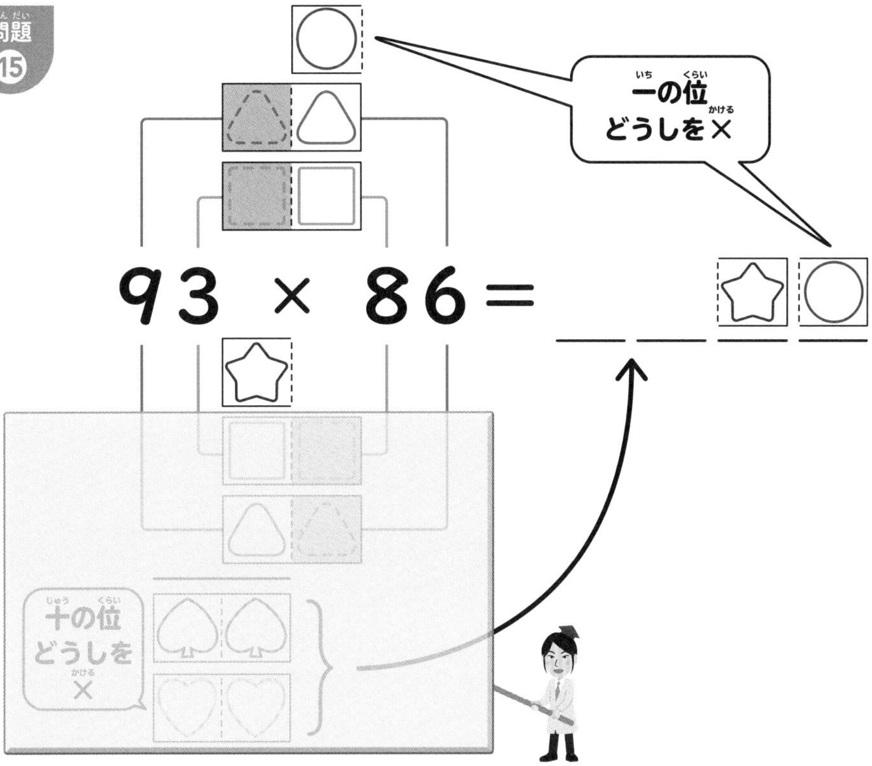

問題《もんだい》 16

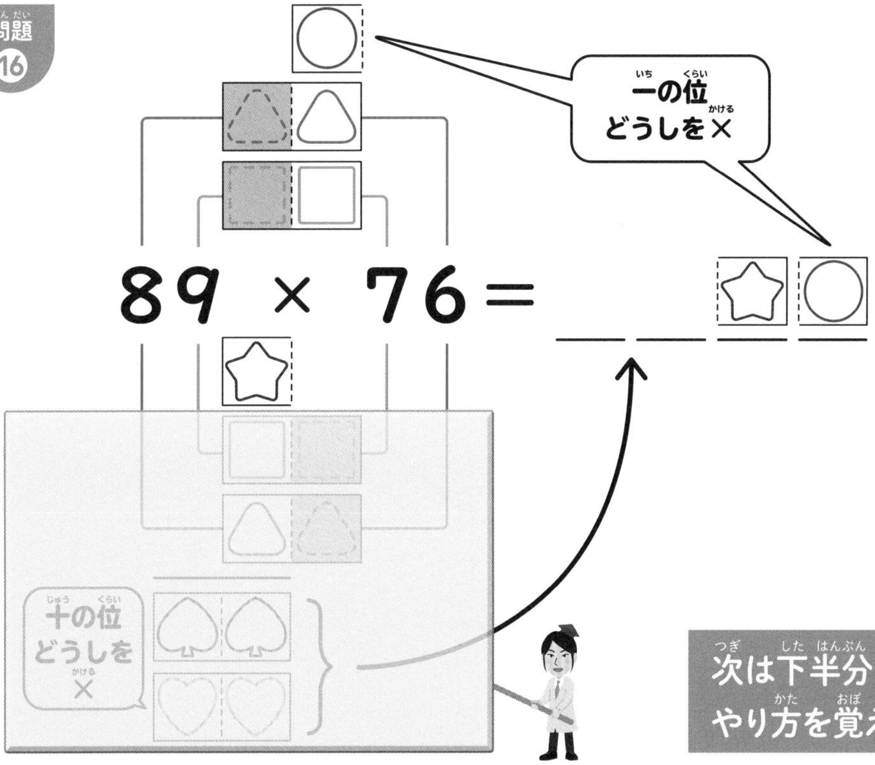

次《つぎ》は下《した》半分《はんぶん》の
やり方《かた》を覚《おぼ》えよう!

あゆみ算《ざん》
STEP 2

あゆみ算《ざん》の下《した》半《はん》分《ぶん》の解《と》き方《かた》

あゆみ算《ざん》を使《つか》ったP.40の「73×26」の解《と》き方《かた》の続《つづ》きを説明《せつめい》するよ！

※上半分《うえはんぶん》パートで☆☆までの数字《すうじ》は入《い》れたよ。

□（1つ）→ △（1つ）→ ♤（2つ）→ ♡（2つ）

の順番《じゅんばん》に数字《すうじ》を書《か》いていくよ！（点線《てんせん》の□や△には何《なに》も書《か》かなくていいよ）

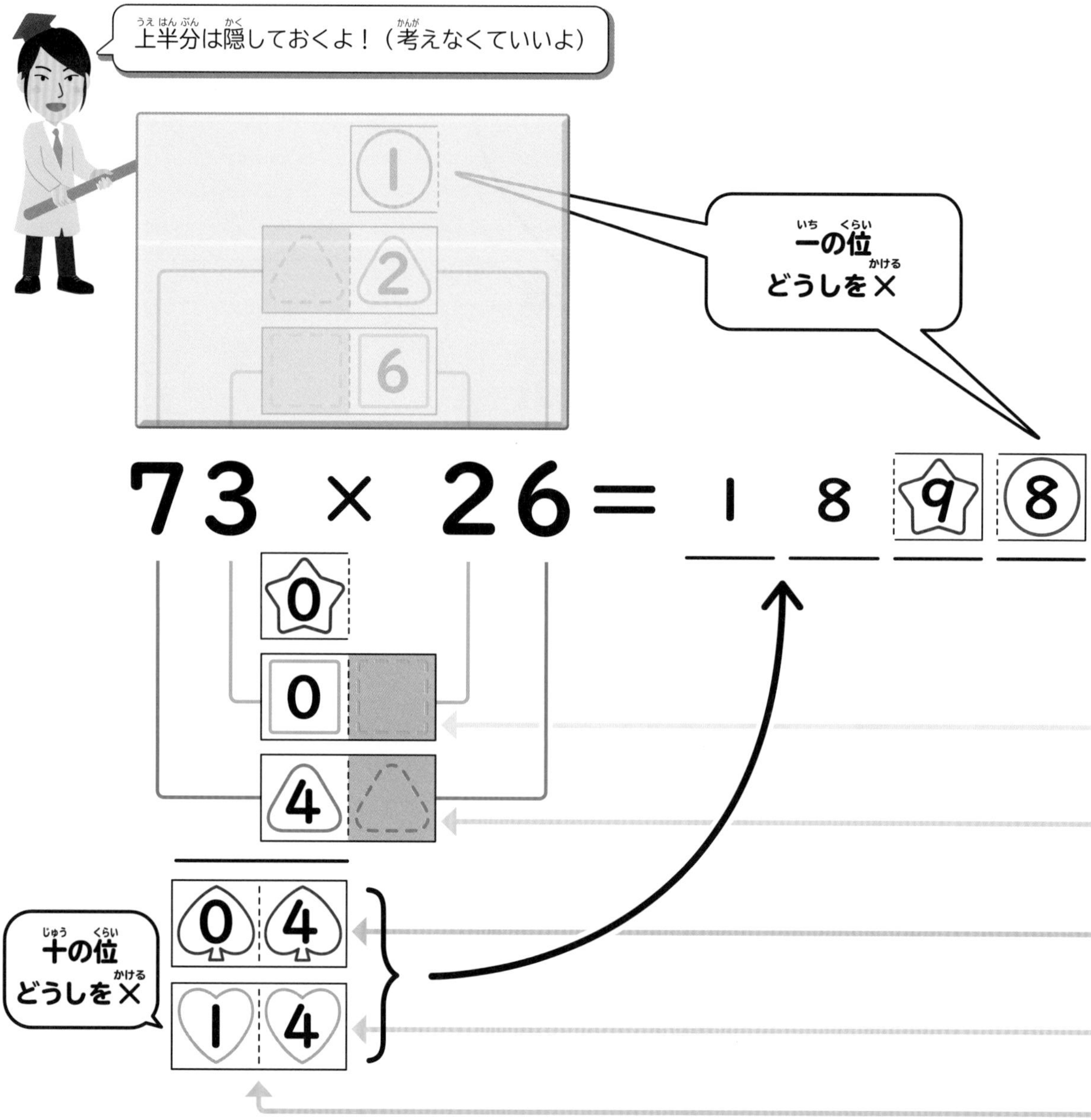

上《うえ》から❶→❷→❸→❹→❺の順番《じゅんばん》に計算《けいさん》しよう！

❶

問題《もんだい》の**内側《うちがわ》の数《かず》どうし**の九九《くく》

3 × 2 ＝ 06

答《こた》えの一《いち》の位《くらい》の数《かず》は忘《わす》れよう

答《こた》えの**十《じゅう》の位《くらい》だけ**を左《ひだり》の□に書《か》こう

※九九《くく》の答《こた》えが1ケタの場合《ばあい》は頭《あたま》に「0」をつけよう！

❷

問題《もんだい》の**外側《そとがわ》の数《かず》どうし**の九九《くく》

7 × 6 ＝ 42

答《こた》えの一《いち》の位《くらい》の数《かず》は忘《わす》れよう

答《こた》えの**十《じゅう》の位《くらい》だけ**を左《ひだり》の△に書《か》こう

❸

タテの☆□△のたし算《ざん》

0 ＋ 0 ＋ 4 ＝ 04

答《こた》えを♤♤に書《か》こう

※たした数《かず》が1ケタの場合《ばあい》は頭《あたま》に「0」をつけよう！

❹

問題《もんだい》の**十《じゅう》の位《くらい》どうし**の九九《くく》

7 × 2 ＝ 14

答《こた》えを♡♡に書《か》こう

❺

♤♤＋♡♡のたし算《ざん》

04 ＋ 14 ＝ 18

を答《こた》えの千《せん》の位《くらい》・百《ひゃく》の位《くらい》に書《か》いて完成《かんせい》！

実際《じっさい》に解《と》いてみよう

あゆみ算《ざん》

STEP 2

あゆみ算《ざん》の 下《した》半《はん》分《ぶん》を解《と》いてみよう①

□→△→♤♤→♡♡→答《こた》えの千《せん》と百《ひゃく》の位《くらい》

の順番《じゅんばん》に、色《いろ》のうすい数字《すうじ》をなぞって書《か》いていこう！

（点線《てんせん》の□や△には何《なに》も書《か》かなくていいよ）

※上半分《うえはんぶん》のページで☆☆までの数字《すうじ》は入《い》れたよ。

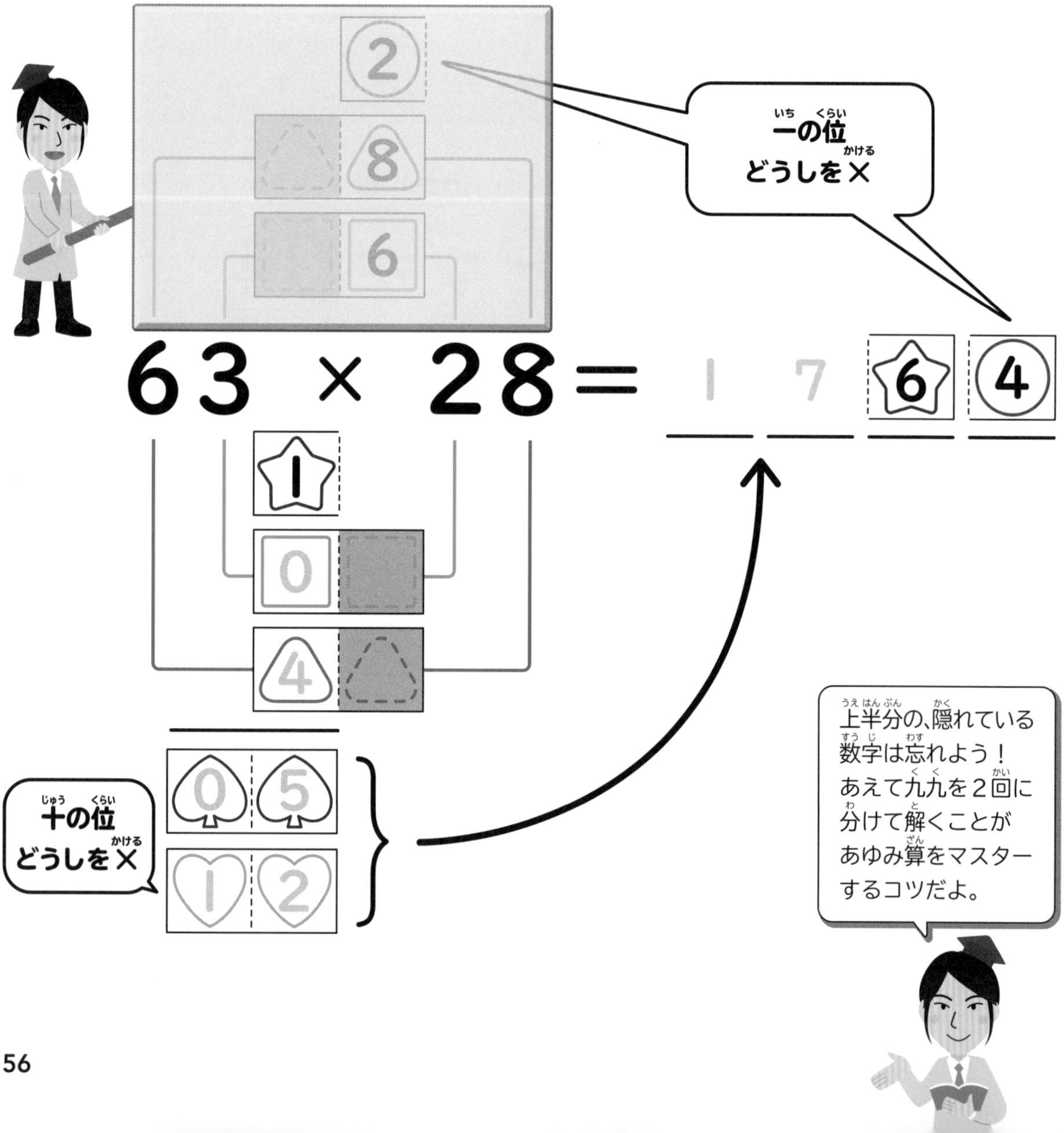

順番《じゅんばん》をもう一度《いちど》確認《かくにん》！　上《うえ》から数字《すうじ》を書《か》いてみよう！

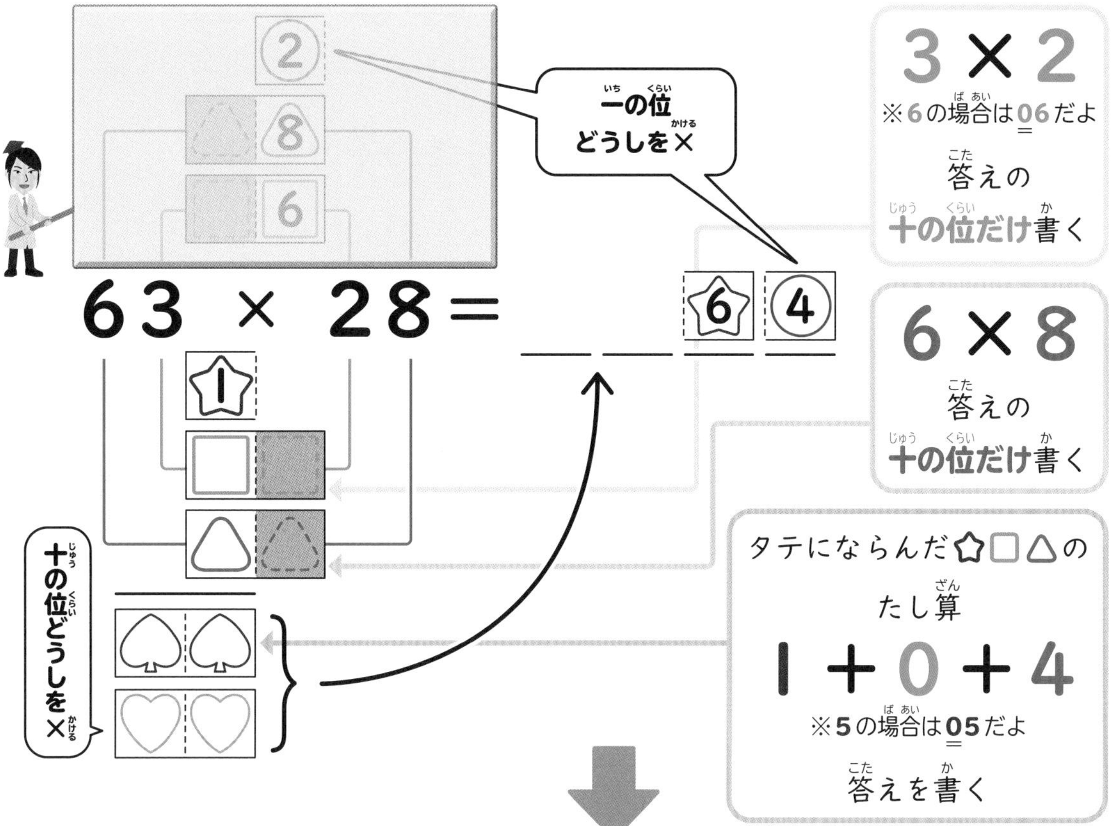

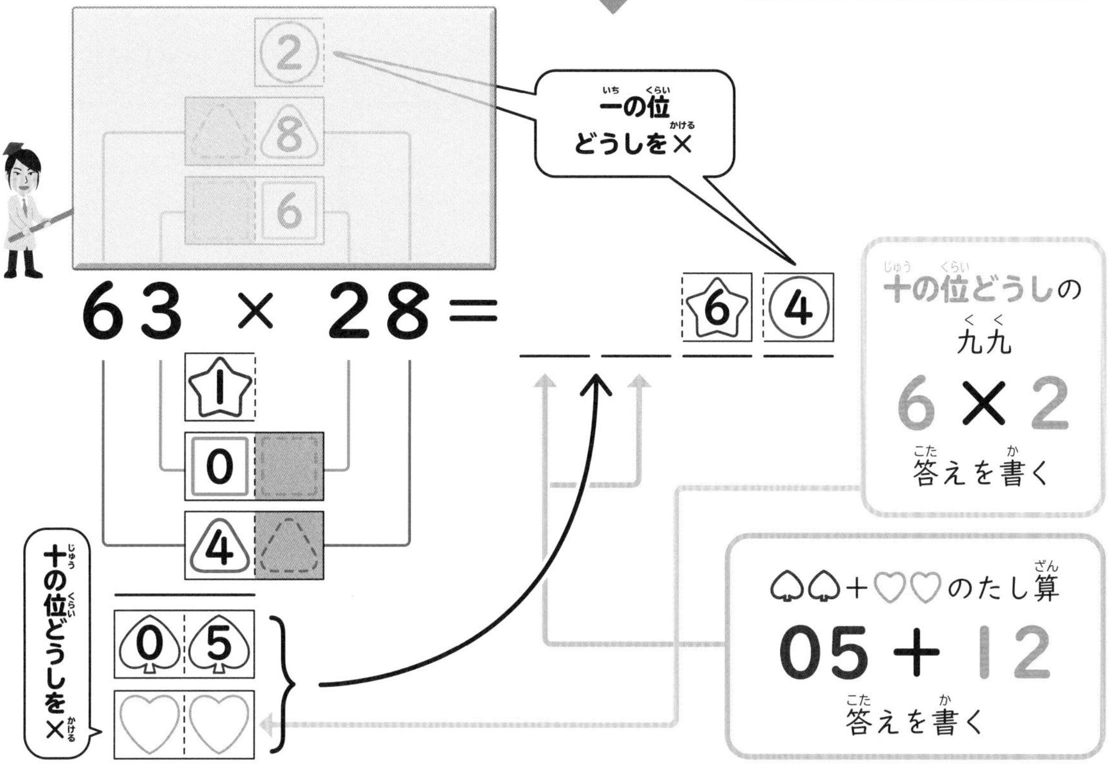

あゆみ算《ざん》

STEP 2

あゆみ算《ざん》の下《した》半《はん》分《ぶん》を解《と》いてみよう②

□→△→♤♤→♡♡→答《こた》えの千《せん》と百《ひゃく》の位《くらい》

の順番《じゅんばん》に、色《いろ》のうすい数字《すうじ》をなぞって書《か》いていこう！
（点線《てんせん》の□や△には何《なに》も書《か》かなくていいよ）

※上半分《うえはんぶん》のページで☆☆までの数字《すうじ》は入《い》れたよ。

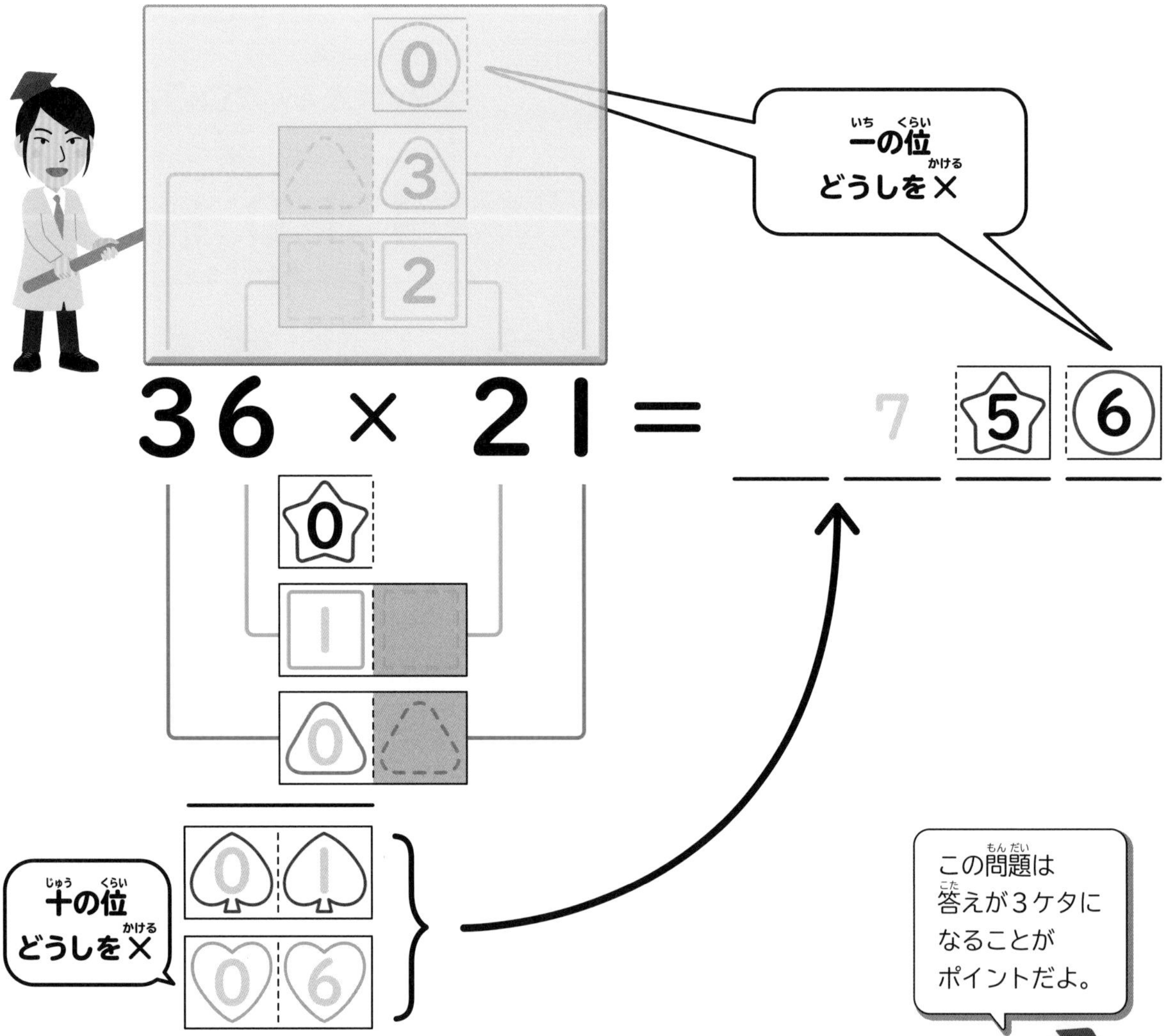

順番《じゅんばん》をもう一度確認《いちどかくにん》！　上《うえ》から数字《すうじ》を書《か》いてみよう！

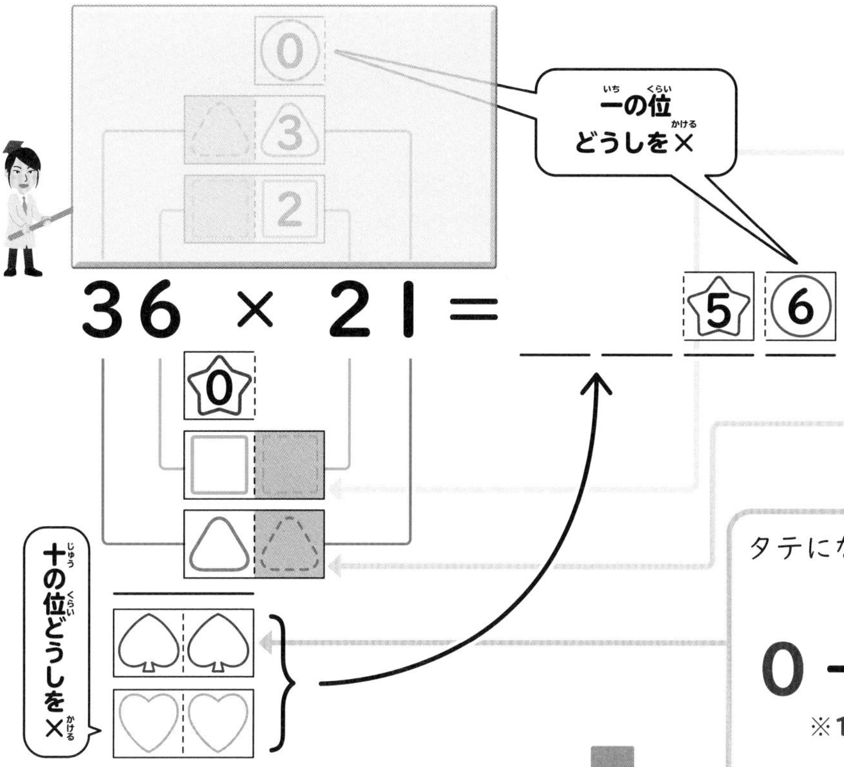

6 × 2
答《こた》えの
十《じゅう》の位《くらい》だけ書《か》く

3 × 1
※3の場合《ばあい》は03だよ
答《こた》えの
十《じゅう》の位《くらい》だけ書《か》く

タテにならんだ☆□△の
たし算《ざん》
0 + 1 + 0
※1の場合《ばあい》は01だよ
答《こた》えを書《か》く

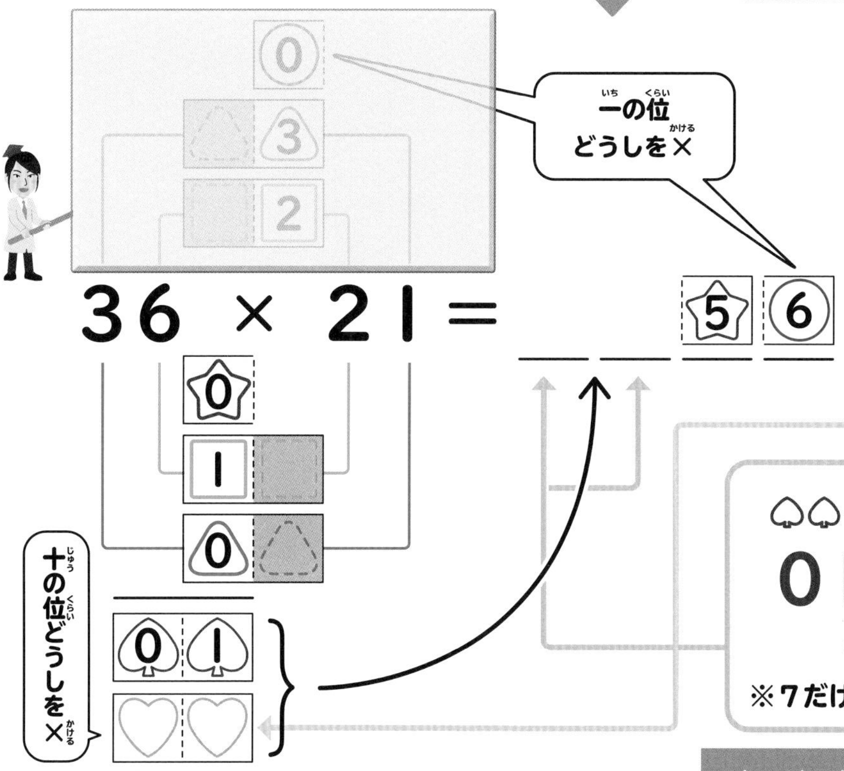

十《じゅう》の位《くらい》どうしの
九九《くく》
3 × 2
※6の場合《ばあい》は06だよ
答《こた》えを書《か》く

♤♤+♡♡のたし算《ざん》
01 + 06
答《こた》えを書《か》く
※7だけを百《ひゃく》の位《くらい》に書《か》こう！

どんどん解《と》いてみよう

あゆみ算《ざん》の下半分《したはんぶん》を解《と》いてみよう

基本練習《きほんれんしゅう》

□→△→♤♤→♡♡→**答《こた》えの千《せん》と百《ひゃく》の位《くらい》**を順番《じゅんばん》に書《か》いていこう！

※☆☆までの数字《すうじ》は入《い》れておいたよ。

問題《もんだい》 1

$38 \times 64 = 2\ 4\ 3\ 2$

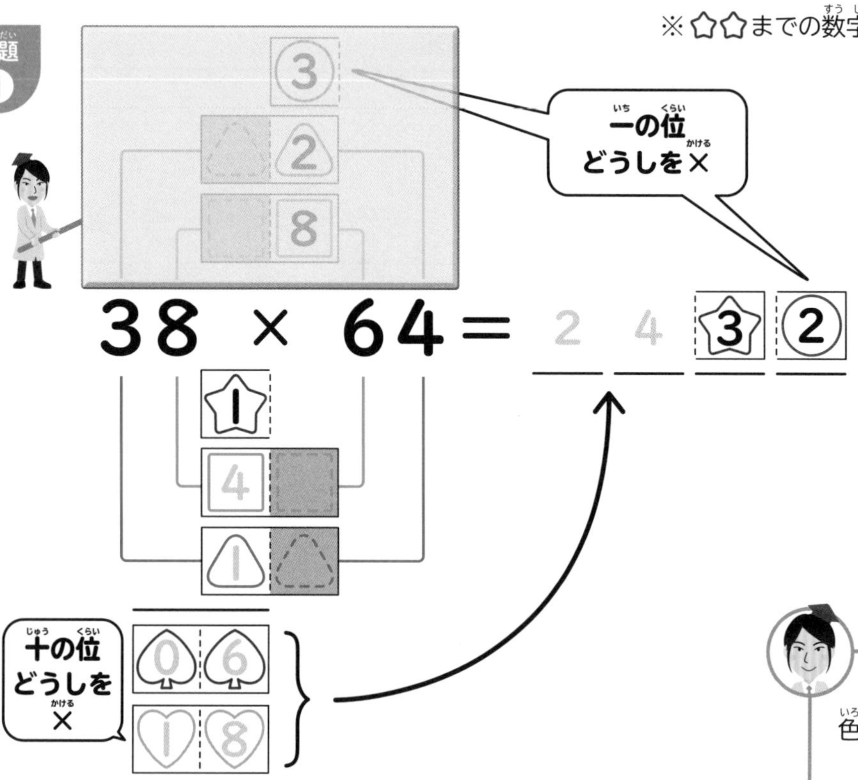

問題《もんだい》❶と❷は
色《いろ》のうすい数字《すうじ》を
なぞろう！

問題《もんだい》 2

$27 \times 34 = 9\ 1\ 8$

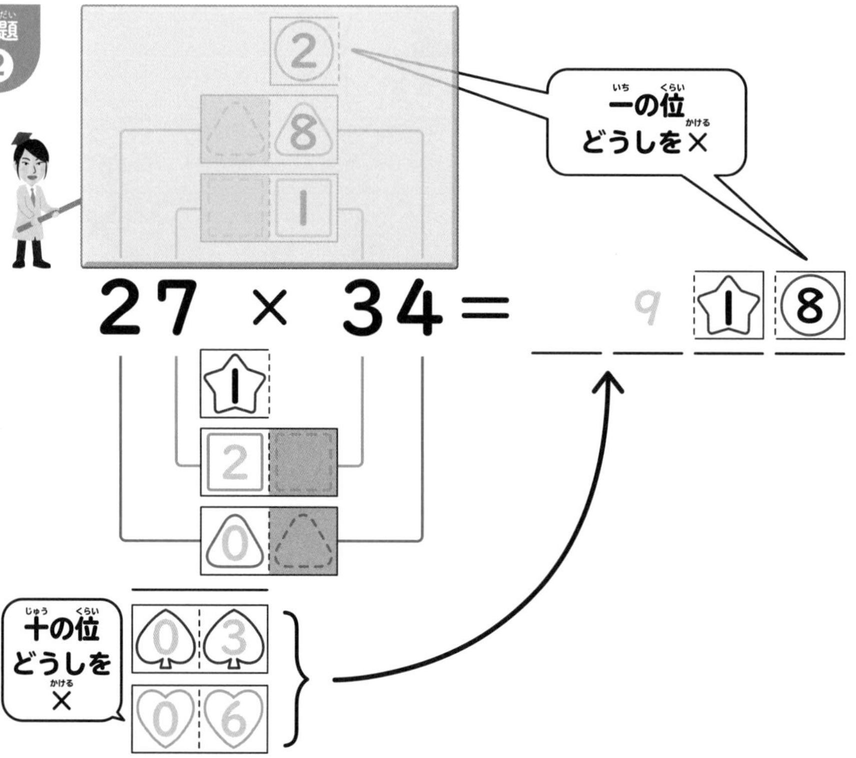

順番《じゅんばん》を思《おも》い出《だ》しながらプレートに数字《すうじ》を書《か》きこもう！
（点線《てんせん》の□や△には何《なに》も書《か》かなくていいよ）

答《こた》えはP.93だよ。

問題《もんだい》3

69 × 78 = ＿ ＿ 8 2

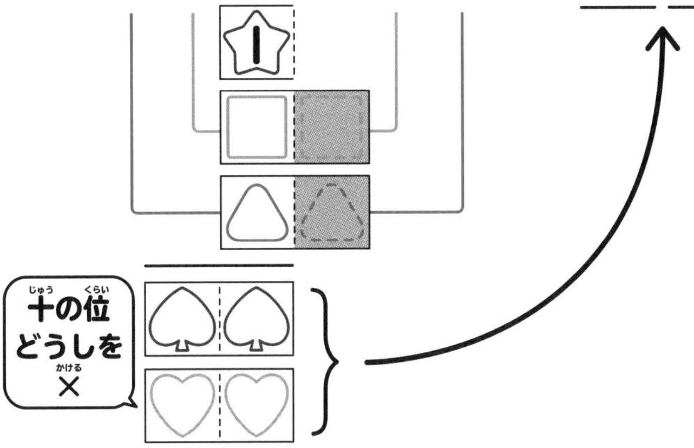

左側《ひだりがわ》の☆には「0」「1」「2」以外《いがい》の数字《すうじ》は入《はい》らないんだったね！

問題《もんだい》4

86 × 97 = ＿ ＿ 4 2

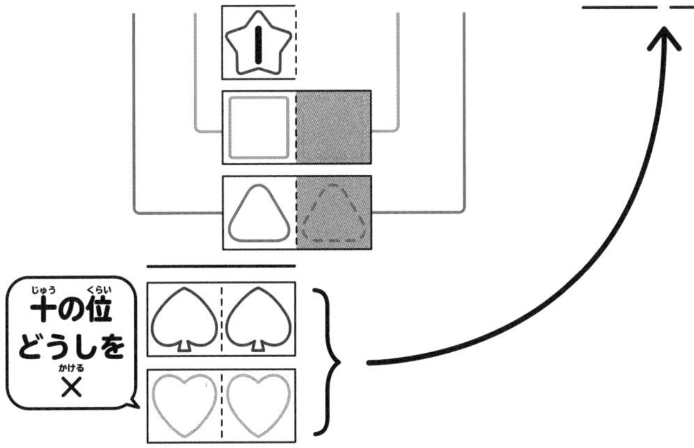

あゆみ算《ざん》の下半分《したはんぶん》を解《と》いてみよう

基本練習《きほんれんしゅう》

□→△→♤♤→♡♡→**答《こた》えの千《せん》と百《ひゃく》の位《くらい》**を順番《じゅんばん》に書《か》いていこう！

※☆☆までの数字《すうじ》は入《い》れておいたよ。

問題《もんだい》5

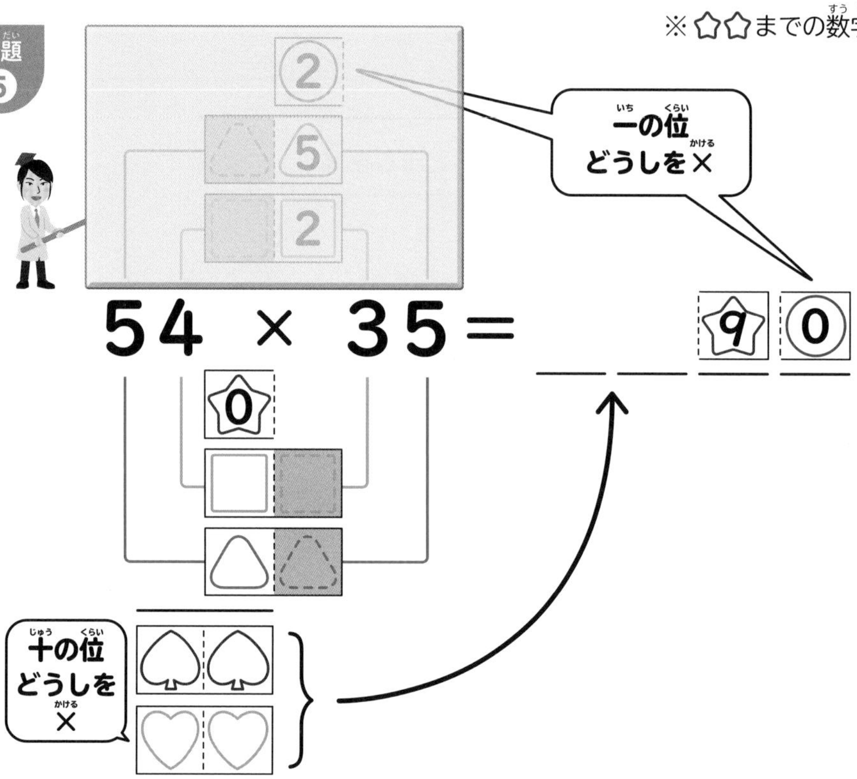

問題《もんだい》6

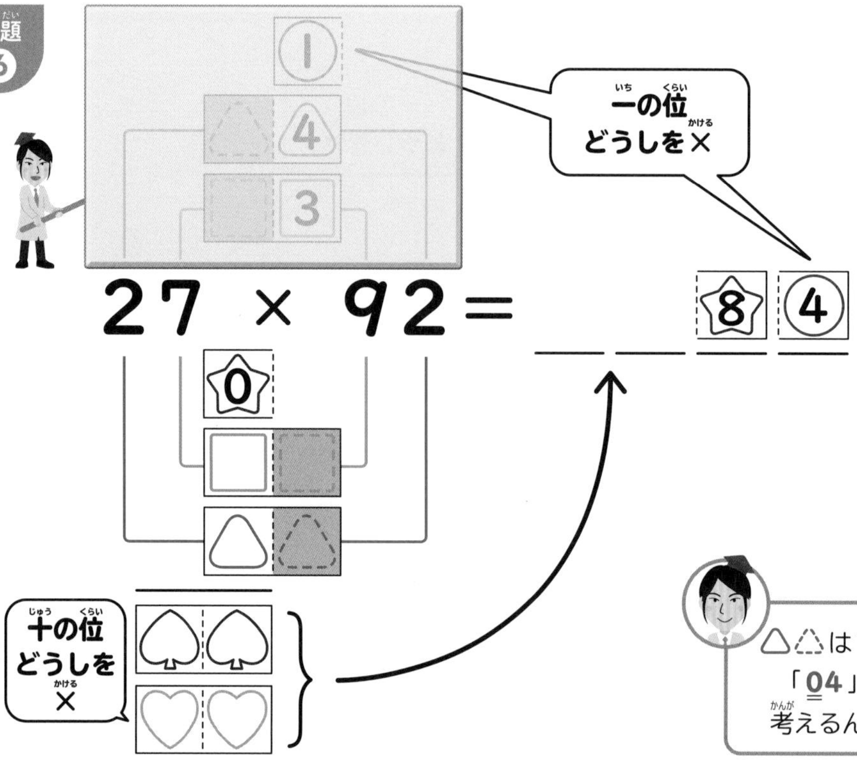

△△は1ケタだから「04」のように考《かんが》えるんだったね！

点線《てんせん》の□や△には何《なに》も書《か》かなくていいよ。

問題《もんだい》 7

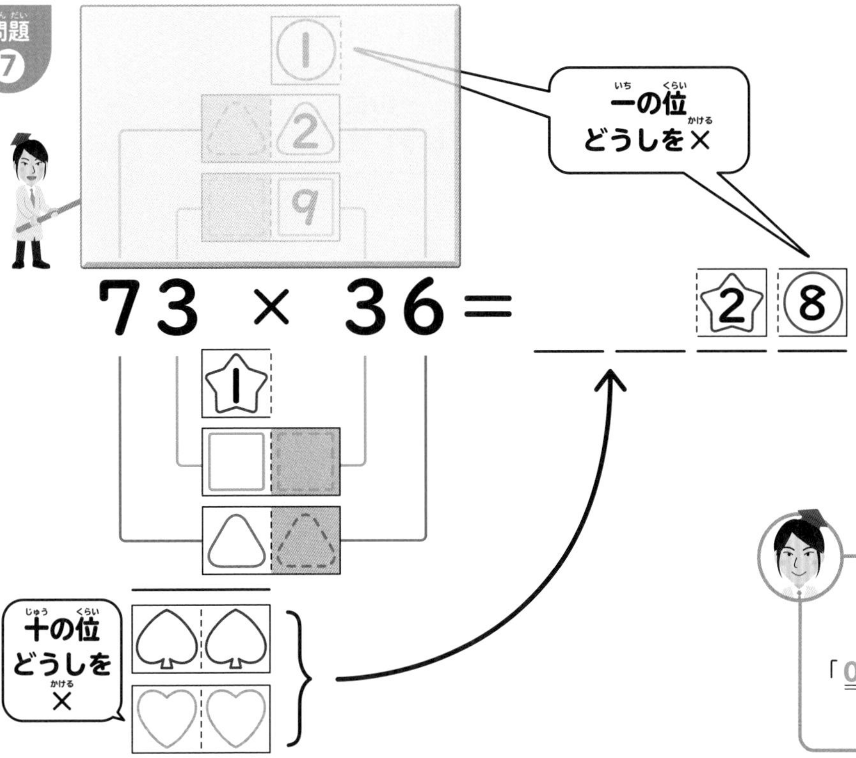

□□は1ケタだから「09」と考《かんが》えるんだったね！

問題《もんだい》 8

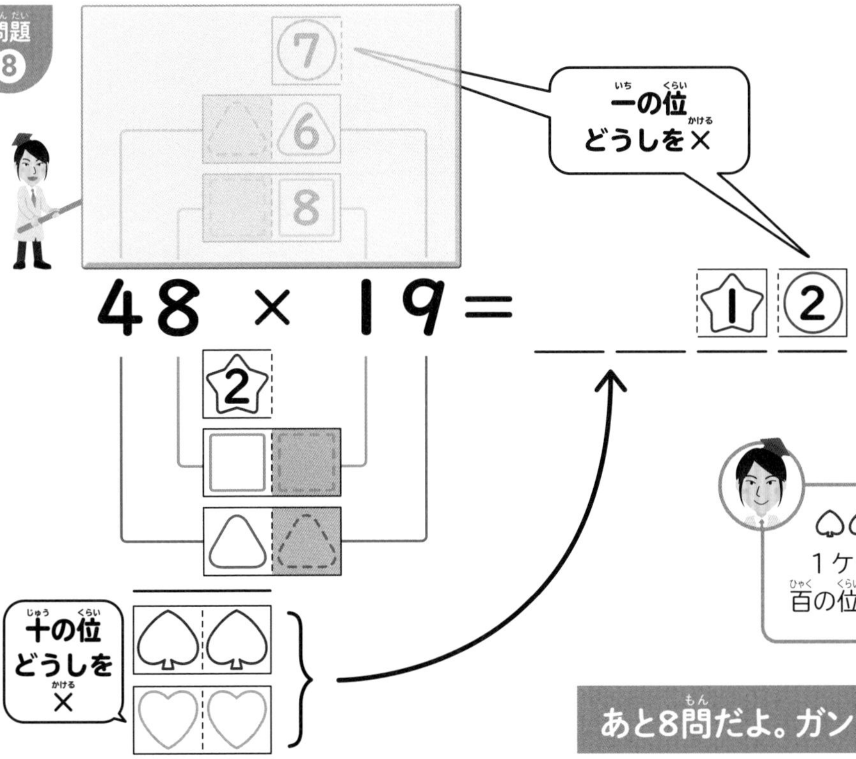

♤♤＋♡♡が1ケタになったら、百《ひゃく》の位《くらい》だけに書《か》こう！

あと8問《もん》だよ。ガンバレ～！

あゆみ算《ざん》
STEP 2

あゆみ算《ざん》の下半分《したはんぶん》を解《と》いてみよう

基本練習《きほんれんしゅう》

□→△→♤♤→♡♡→**答《こた》えの千《せん》と百《ひゃく》の位《くらい》**を順番《じゅんばん》に書《か》いていこう！

※☆☆までの数字《すうじ》は入《い》れておいたよ。

問題《もんだい》9

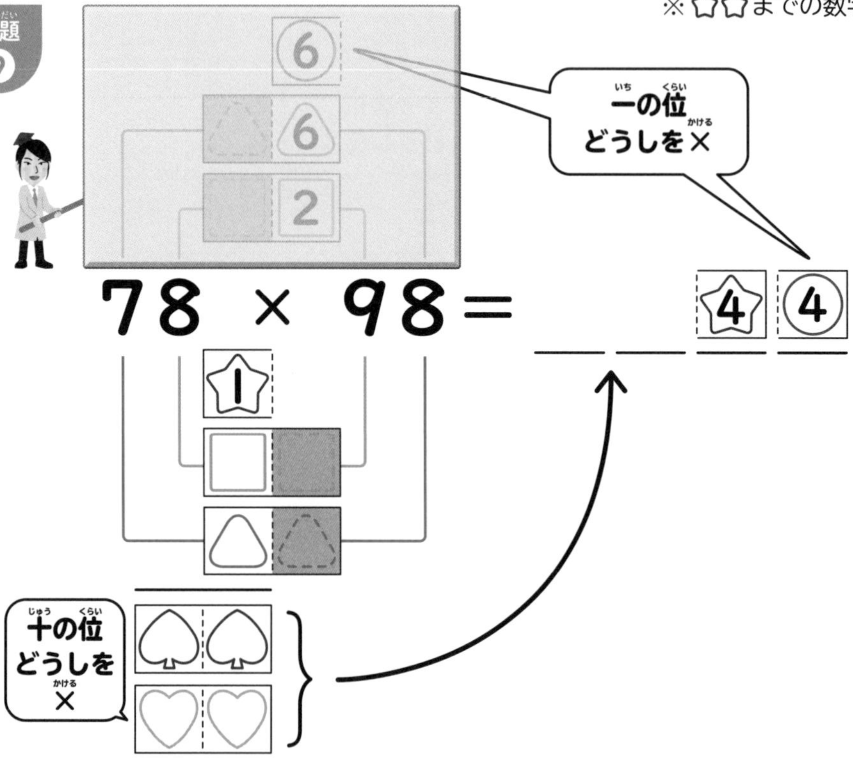

78 × 98 =

問題《もんだい》10

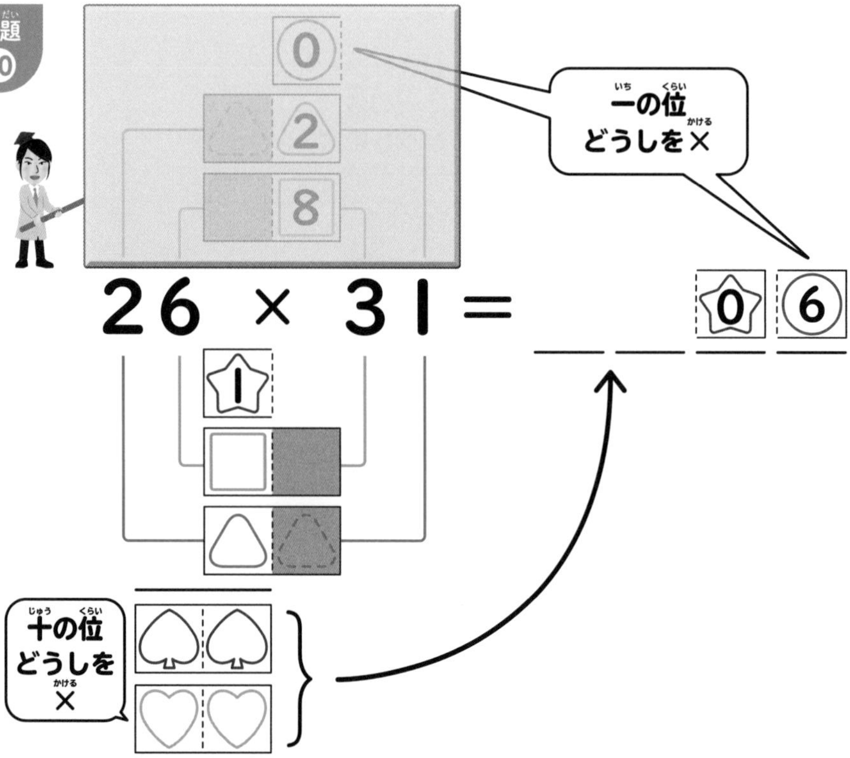

26 × 31 =

点線《てんせん》の⬚や△には何《なに》も書《か》かなくていいよ。

問題《もんだい》 11

$68 \times 95 =$

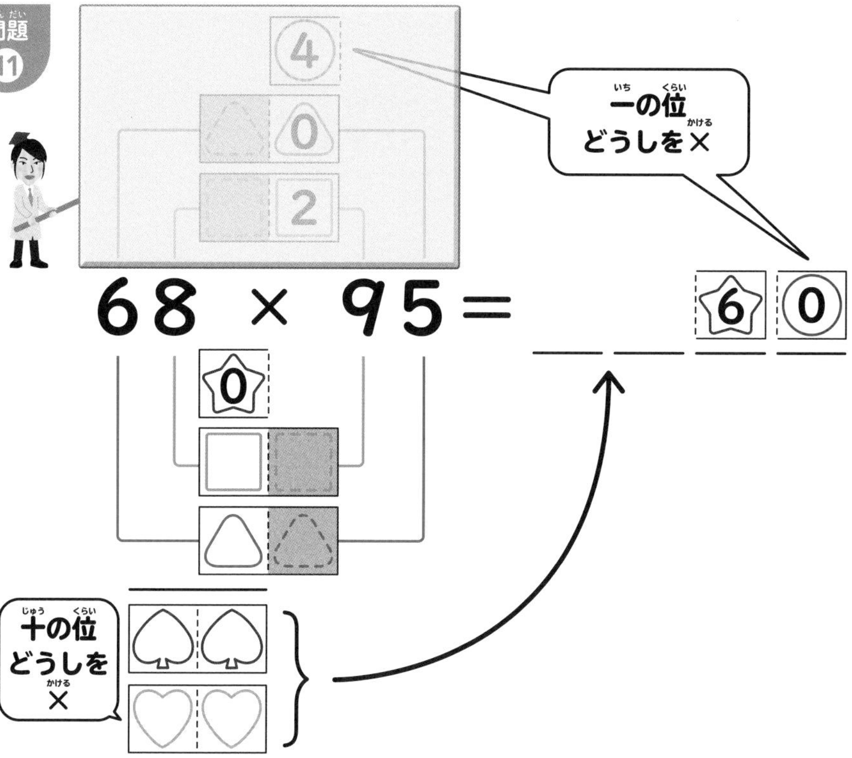

問題《もんだい》 12

$81 \times 57 =$

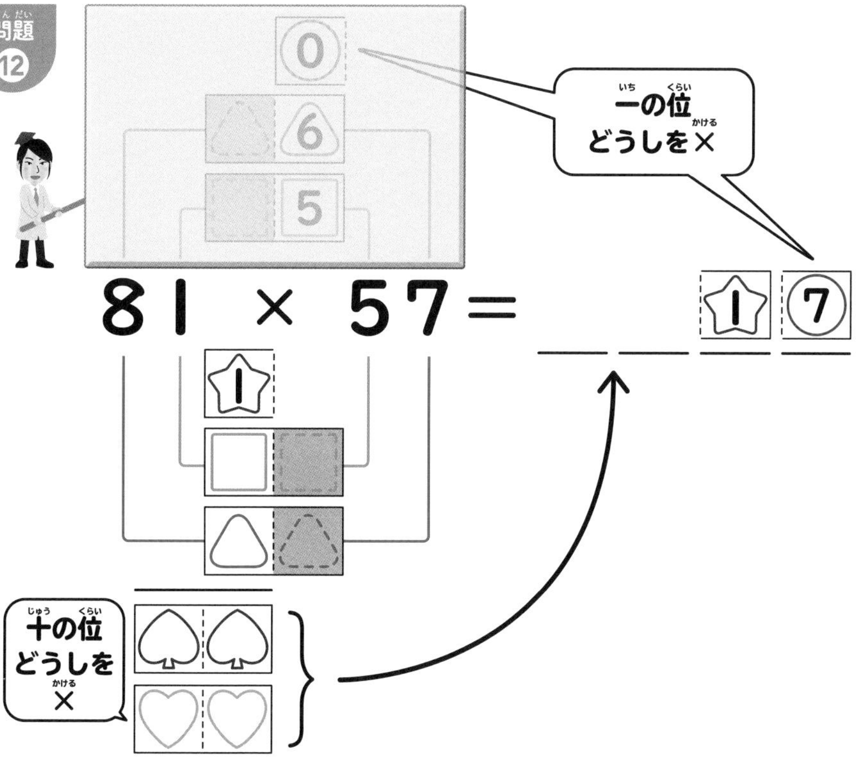

あゆみ算《ざん》
STEP 2

あゆみ算《ざん》の下半分《したはんぶん》を解《と》いてみよう

基本練習《きほんれんしゅう》

□→△→♤♤→♡♡→**答《こた》えの千《せん》と百《ひゃく》の位《くらい》**を順番《じゅんばん》に書《か》いていこう！

※☆☆までの数字《すうじ》は入《い》れておいたよ。

問題《もんだい》13

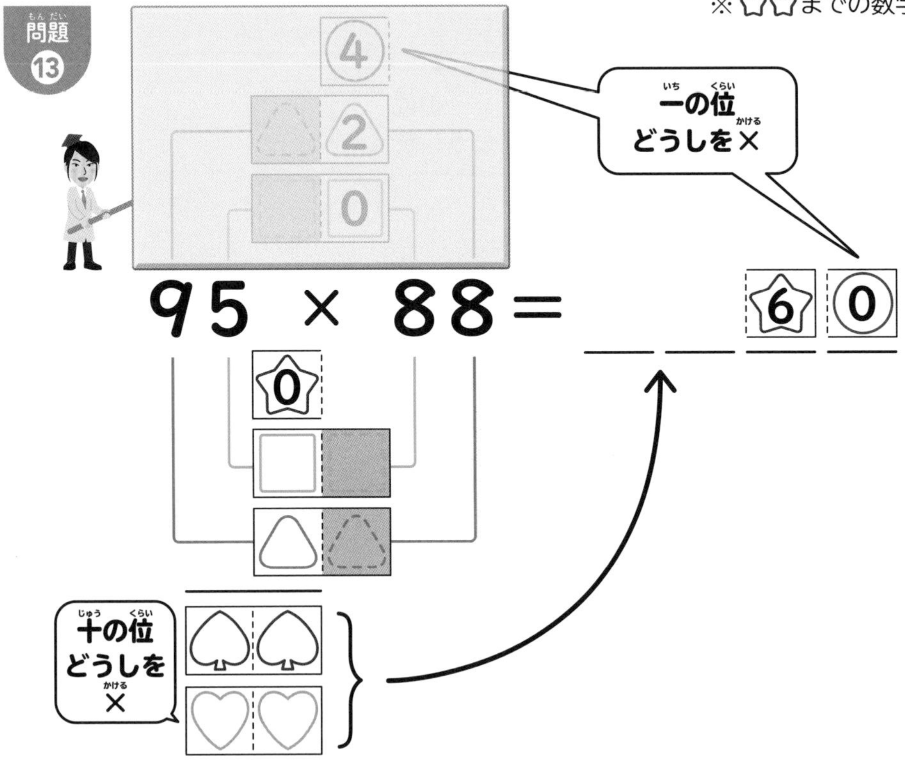

問題《もんだい》14

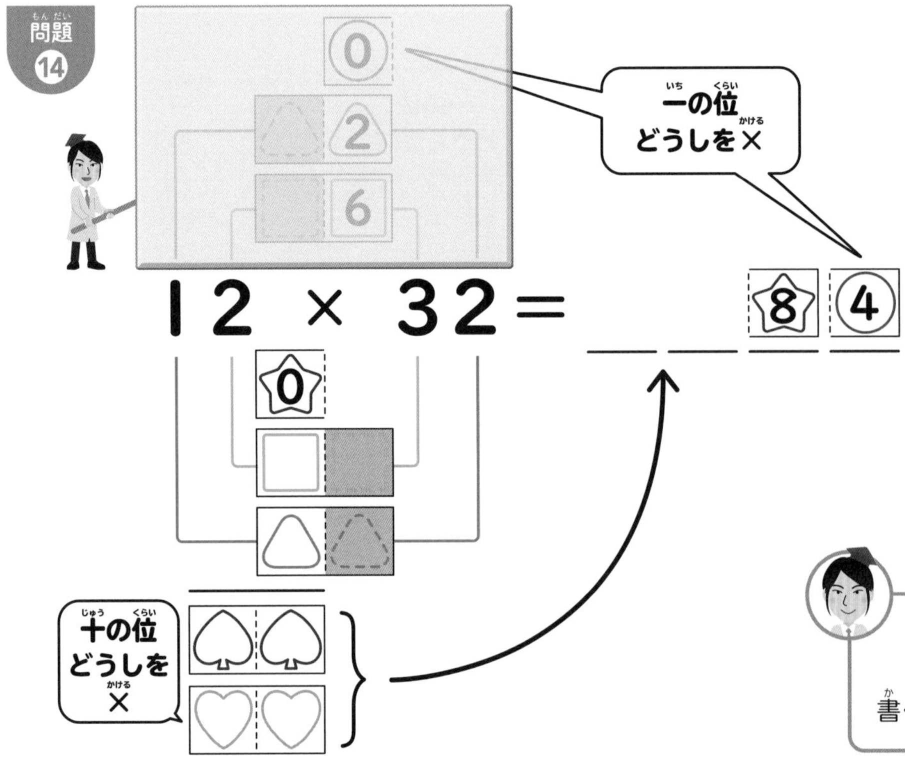

♤♤には「00」と書《か》くことになるよ！

点線《てんせん》の□や△には何《なに》も書《か》かなくていいよ。

問題《もんだい》15

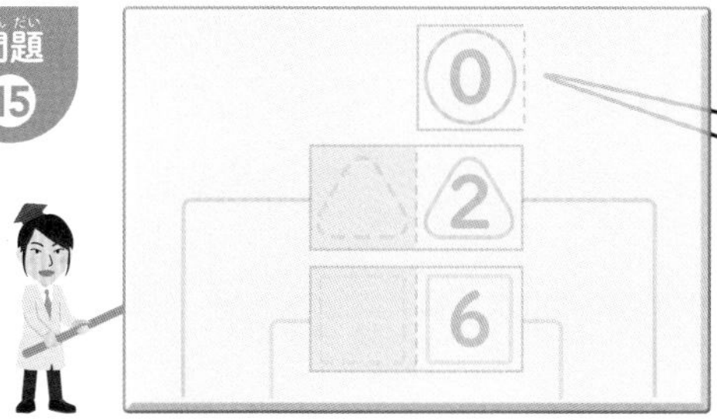

一《いち》の位《くらい》どうしを×《かける》

$81 \times 64 =$ ＿＿ ＿＿ 8 4

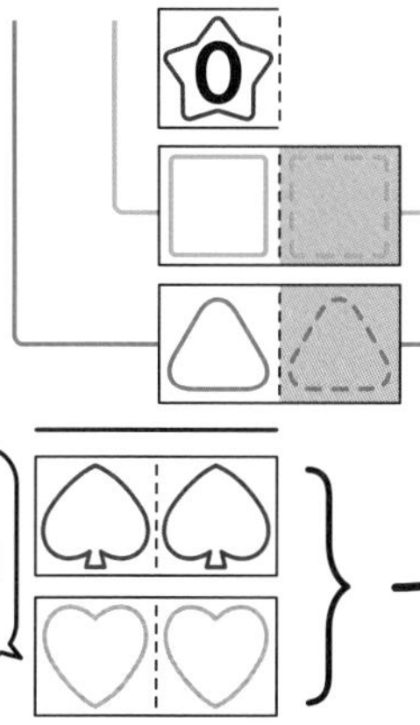

十《じゅう》の位《くらい》どうしを×《かける》

問題《もんだい》16

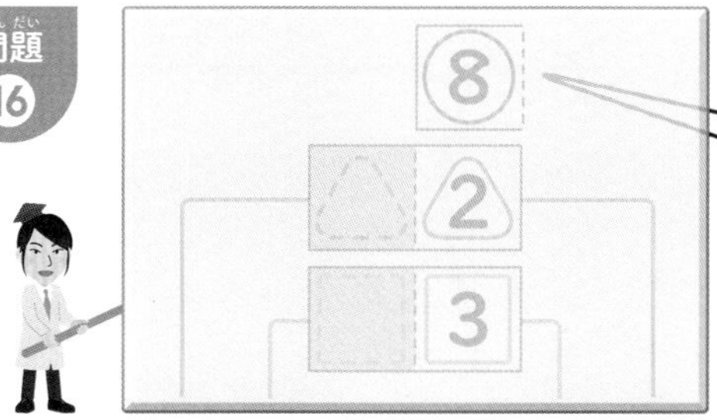

一《いち》の位《くらい》どうしを×《かける》

$89 \times 79 =$ ＿＿ ＿＿ 3 1

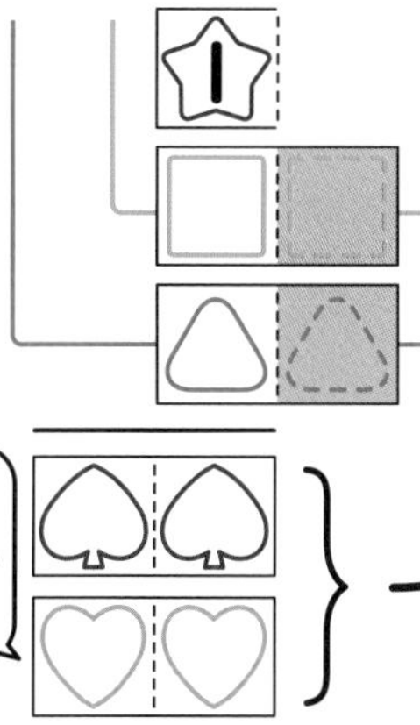

十《じゅう》の位《くらい》どうしを×《かける》

♤♤＋♡♡をしっかり計算《けいさん》しよう！

やったね、下半分《したはんぶん》もマスター！

あゆみ算《ざん》
STEP 3

上《うえ》半《はん》分《ぶん》から下《した》半《はん》分《ぶん》まで あゆみ算《ざん》の解《と》き方《かた》をおさらい ①

それではあゆみ算《ざん》の上《うえ》半《はん》分《ぶん》と下《した》半《はん》分《ぶん》を続《つづ》けて解《と》いていくよ！

上から ○○→△→□→☆☆→
□→△→♤♤→♡♡→**答《こた》えの千《せん》と百《ひゃく》の位《くらい》**

の順番《じゅんばん》に、色《いろ》のうすい数字《すうじ》をなぞって書《か》いていこう！

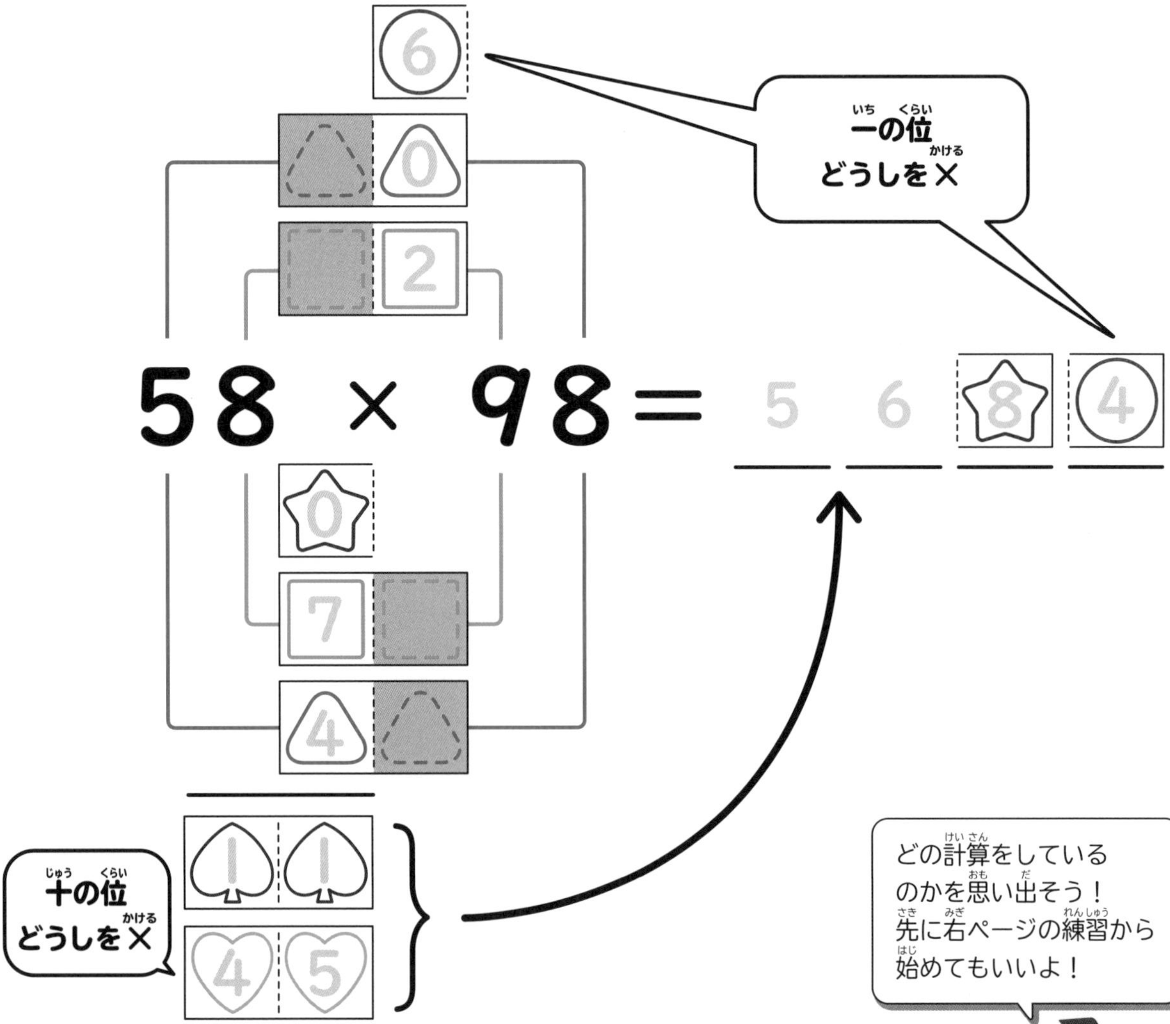

どの計算《けいさん》をしている
のかを思《おも》い出《だ》そう！
先《さき》に右《みぎ》ページの練習《れんしゅう》から
始《はじ》めてもいいよ！

順番《じゅんばん》を思《おも》い出《だ》して、上半分《うえはんぶん》→下半分《したはんぶん》の順番《じゅんばん》に書《か》いていこう！

● **上半分《うえはんぶん》**：○○から☆☆まで

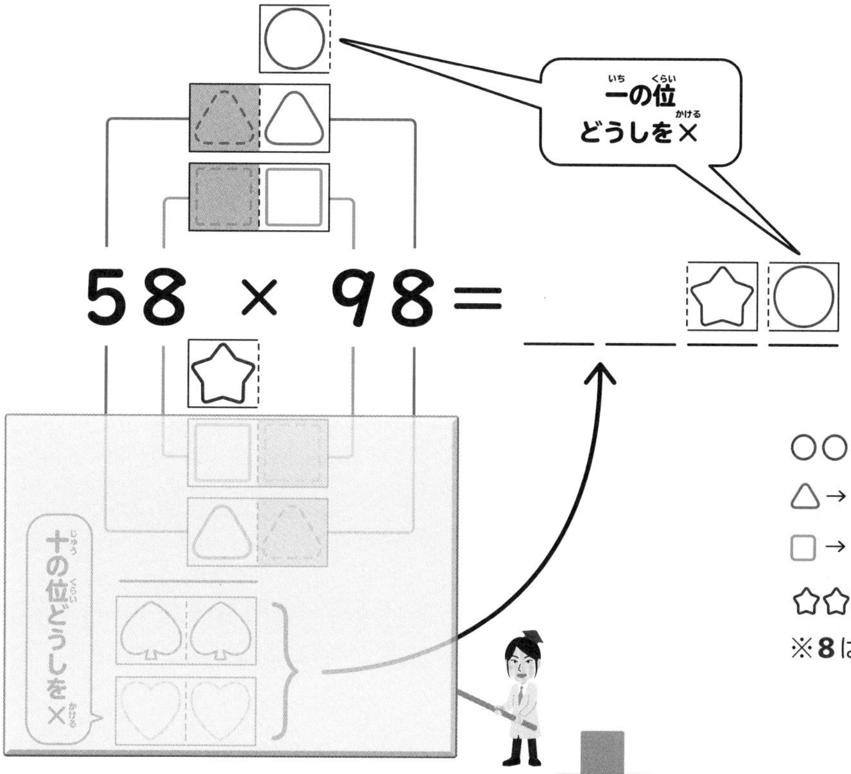

○○→8×8
△→ 5×8の一《いち》の位《くらい》
□ → 8×9の一《いち》の位《くらい》
☆☆→6＋0＋2
※**8**は**08**に直《なお》そう

● **下半分《したはんぶん》**：□から答《こた》えまで

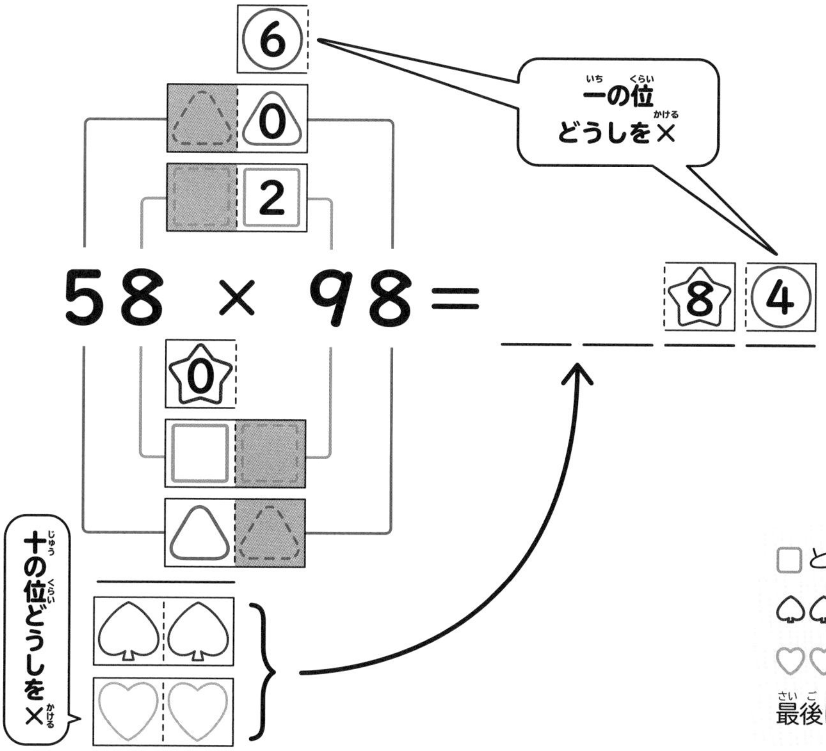

□と△は十《じゅう》の位《くらい》
♤♤→0＋7＋4
♡♡→5×9
最後《さいご》は11＋45

あゆみ算《ざん》
STEP 3

上《うえ》半《はん》分《ぶん》から下《した》半《はん》分《ぶん》まで あゆみ算《ざん》の解《と》き方《かた》をおさらい②

もう一度《いちど》あゆみ算《ざん》の上半分《うえはんぶん》と下半分《したはんぶん》を続《つづ》けて解《と》いていくよ！

上から ○○→△→□→☆☆→
□→△→♤♤→♡♡→**答《こた》えの千《せん》と百《ひゃく》の位《くらい》**

の順番《じゅんばん》に、色《いろ》のうすい数字《すうじ》をなぞって書《か》いていこう！

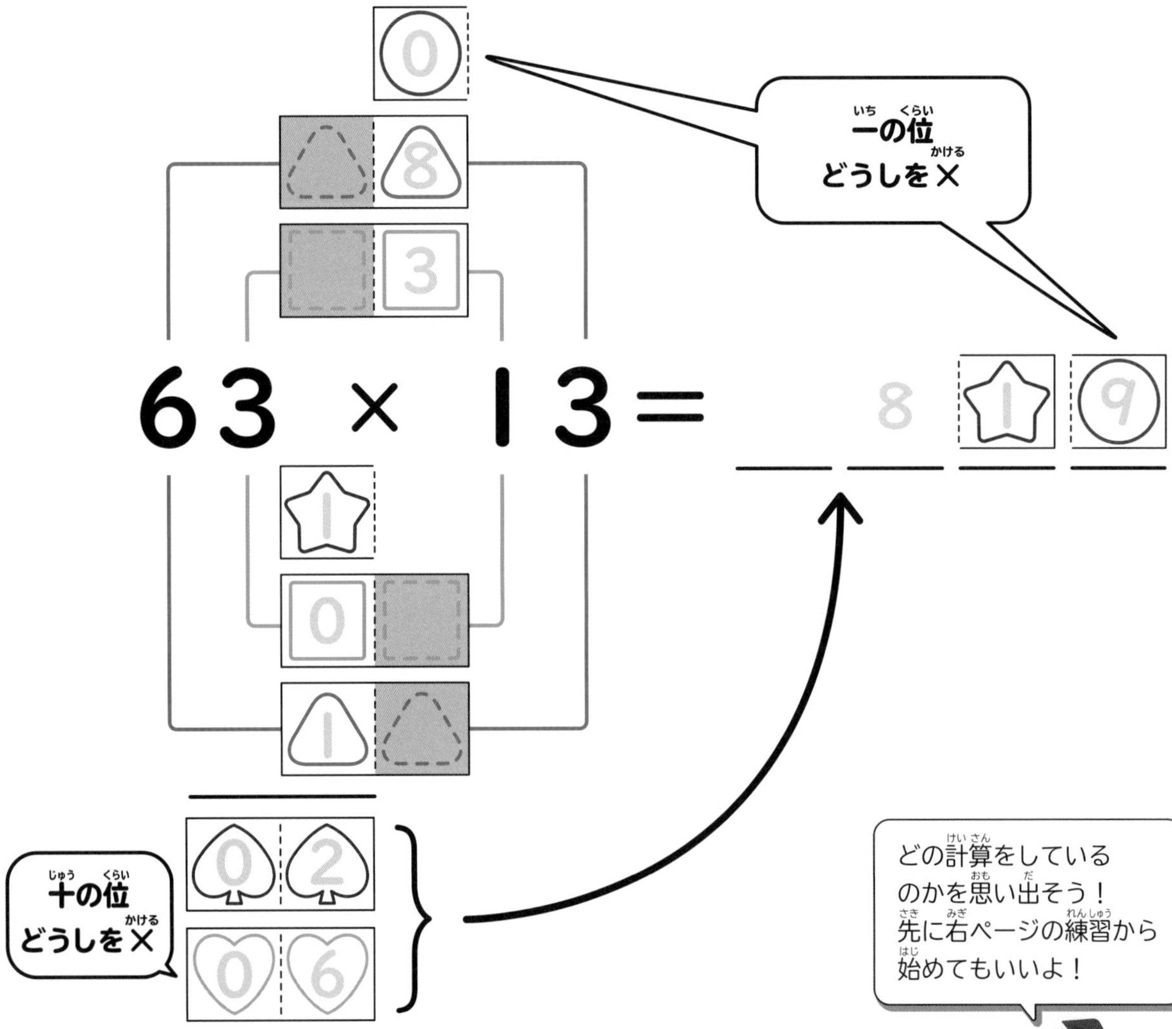

どの計算《けいさん》をしているのかを思《おも》い出《だ》そう！
先《さき》に右《みぎ》ページの練習《れんしゅう》から始《はじ》めてもいいよ！

順番《じゅんばん》を思《おも》い出《だ》して、上半分《うえはんぶん》→下半分《したはんぶん》の順番《じゅんばん》に書《か》いていこう！

● **上半分《うえはんぶん》**：○○から☆☆まで

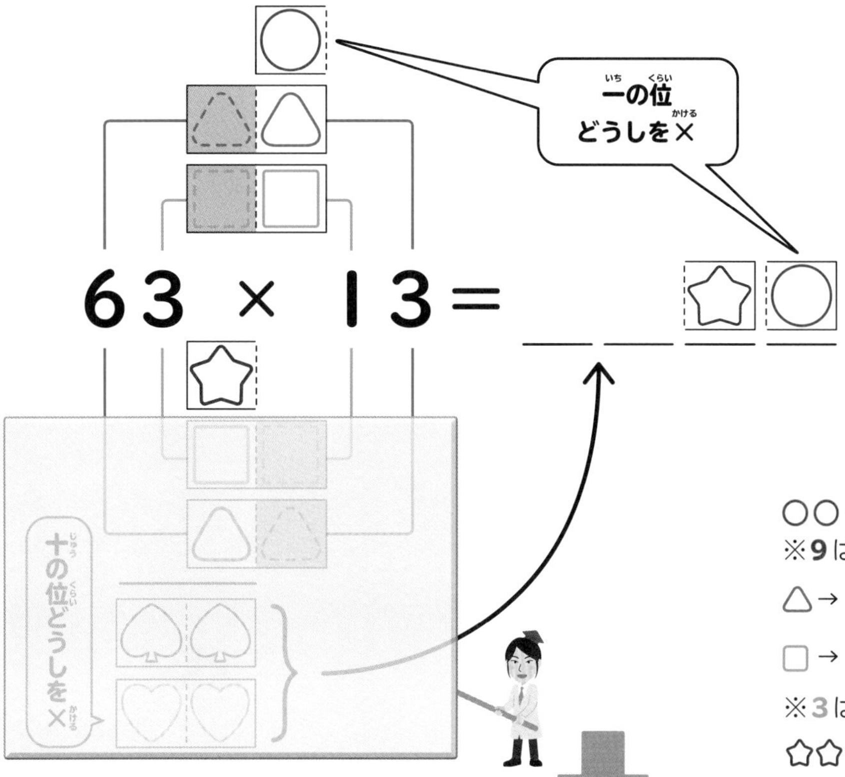

○○→3×3
※**9**は**<u>0</u>9**に直《なお》そう
△→ 6×3の一《いち》の位《くらい》
□ → 3×1の一《いち》の位《くらい》
※**3**は**<u>0</u>3**に直《なお》そう
☆☆→0+8+3

● **下半分《したはんぶん》**：□から答えまで

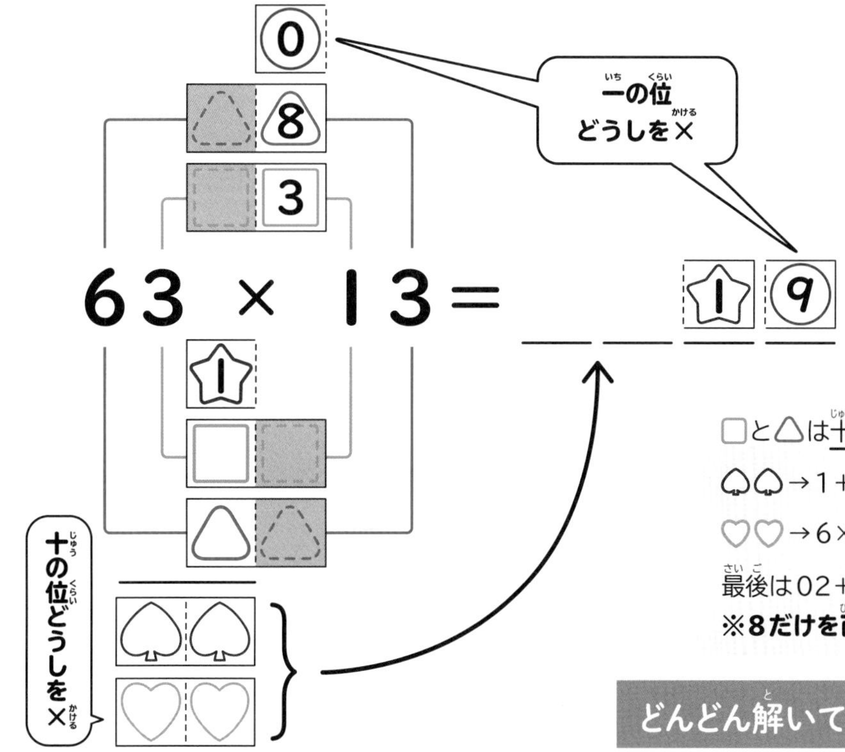

□と△は十《じゅう》の位《くらい》
♤♤→1+0+1
♡♡→6×1
最後《さいご》は02+06
※8だけを百《ひゃく》の位《くらい》に書《か》こう

どんどん解《と》いてみよう ☞

上《うえ》半分《はんぶん》から下《した》半分《はんぶん》まであゆみ算《ざん》を解《と》いてみよう 基本練習《きほんれんしゅう》

○○→△→□→☆☆→□→△→♤♤→♡♡→答《こた》えの千《せん》と百《ひゃく》の位《くらい》
の順番《じゅんばん》に書《か》いていこう！

問題《もんだい》 1

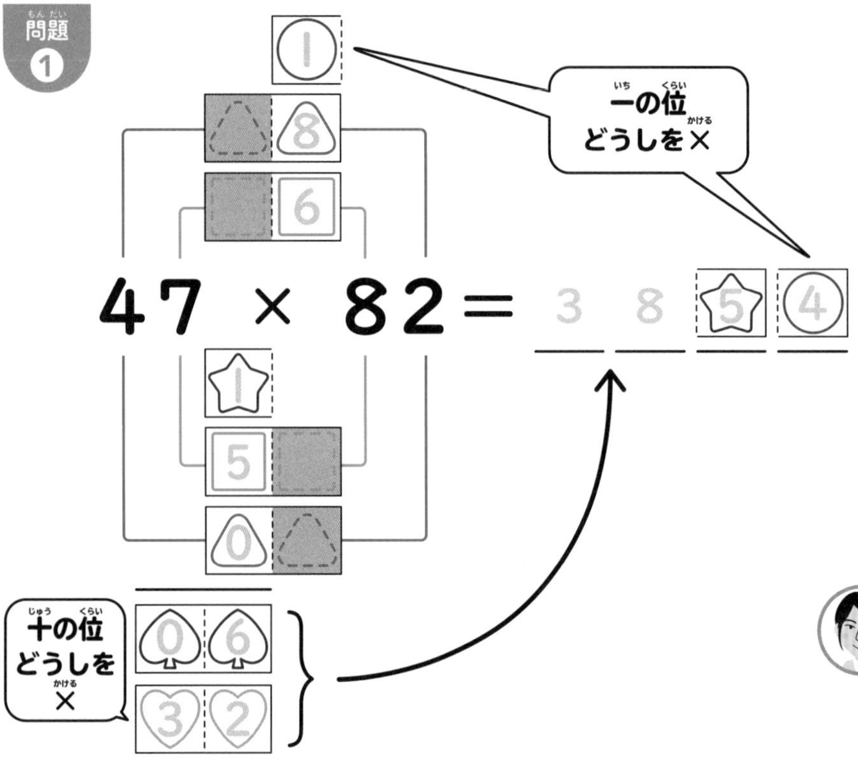

問題《もんだい》❶と❷は色《いろ》のうすい数字《すうじ》をなぞろう！

問題《もんだい》 2

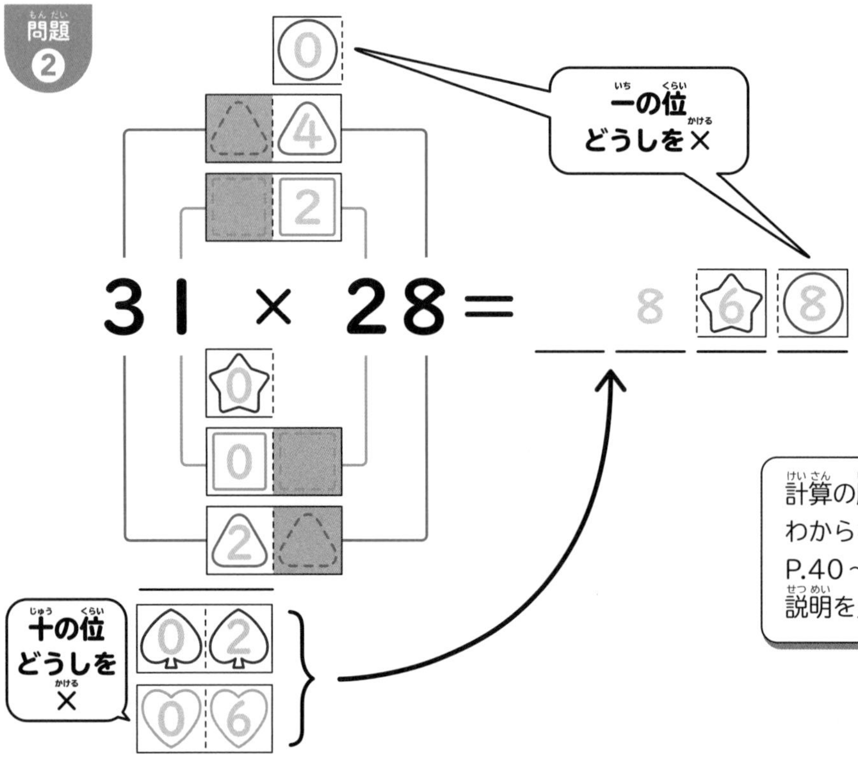

計算《けいさん》の順番《じゅんばん》がわからなくなったらP.40～41、P.54～55の説明《せつめい》を見直《みなお》そう！

順番《じゅんばん》を思《おも》い出《だ》しながらプレートに数字《すうじ》を書《か》きこもう！
（点線《てんせん》の△や□には何《なに》も書《か》かなくていいよ）
答《こた》えはP.94だよ☞

問題《もんだい》③は上半分《うえはんぶん》にだけヒントがあるよ

問題《もんだい》③

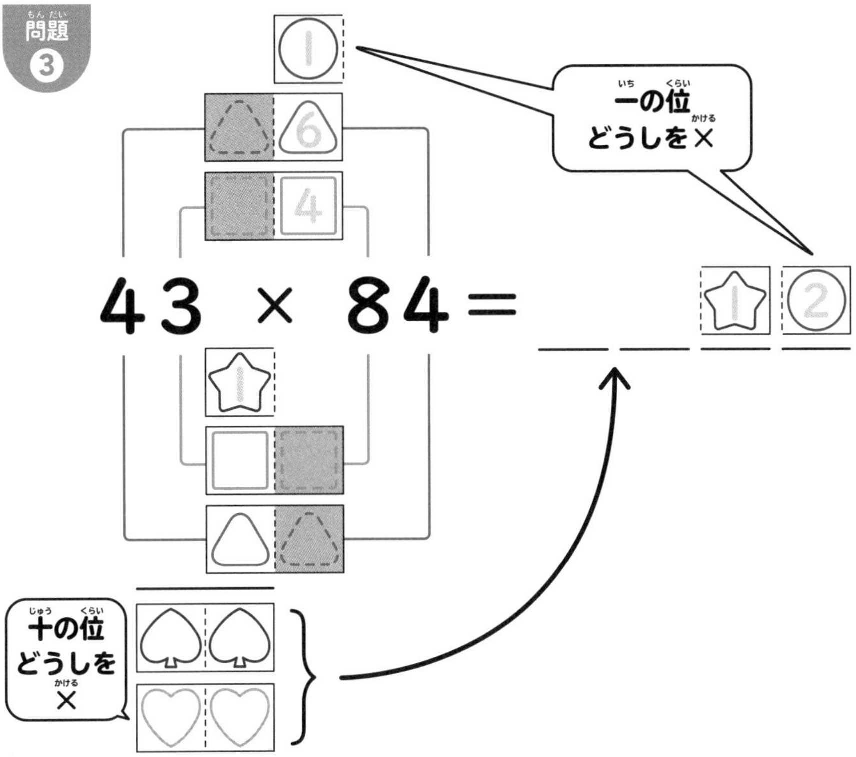

問題《もんだい》④

問題《もんだい》④からは自分《じぶん》で全部《ぜんぶ》書《か》いてみよう

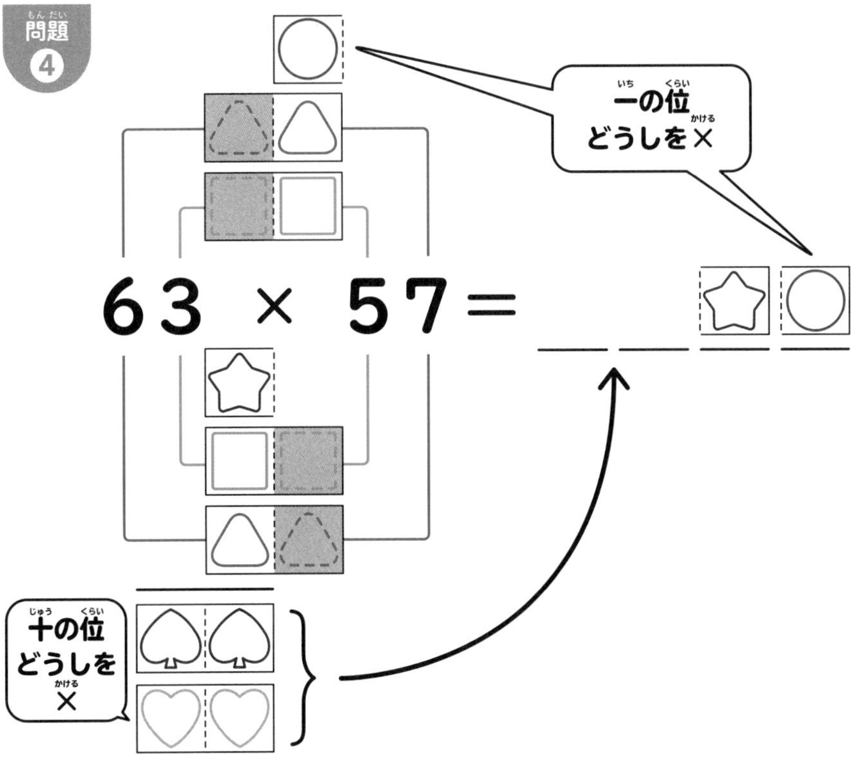

上半分《うえはんぶん》から下半分《したはんぶん》まであゆみ算《ざん》を解《と》いてみよう 基本練習《きほんれんしゅう》

○○→△→□→☆☆→□→△→♤♤→♡♡→答《こた》えの千《せん》と百《ひゃく》の位《くらい》の順番《じゅんばん》に書《か》いていこう！

問題《もんだい》 5

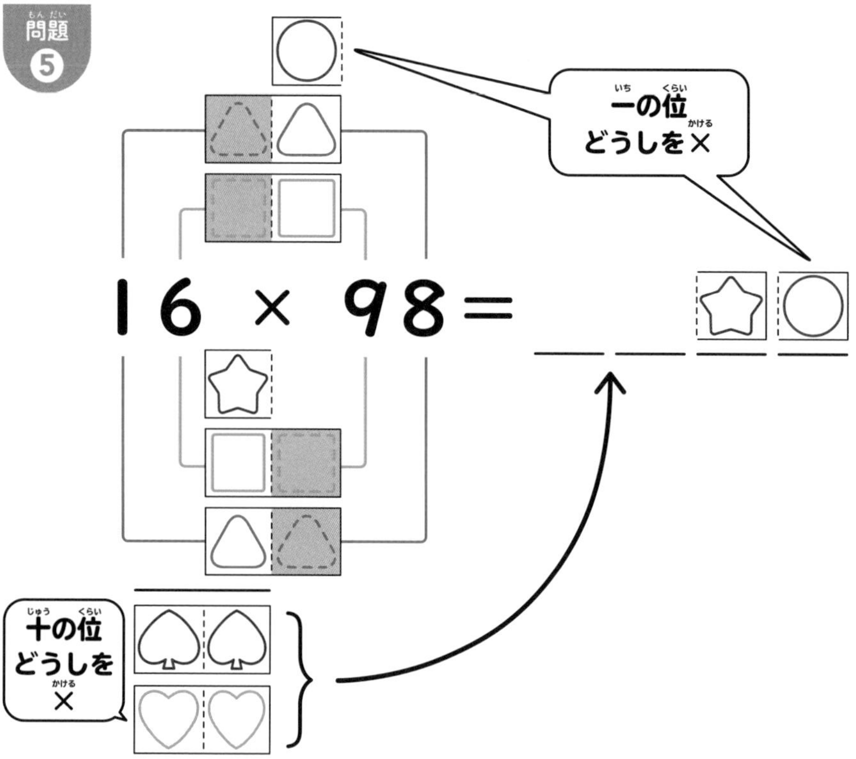

問題《もんだい》 6

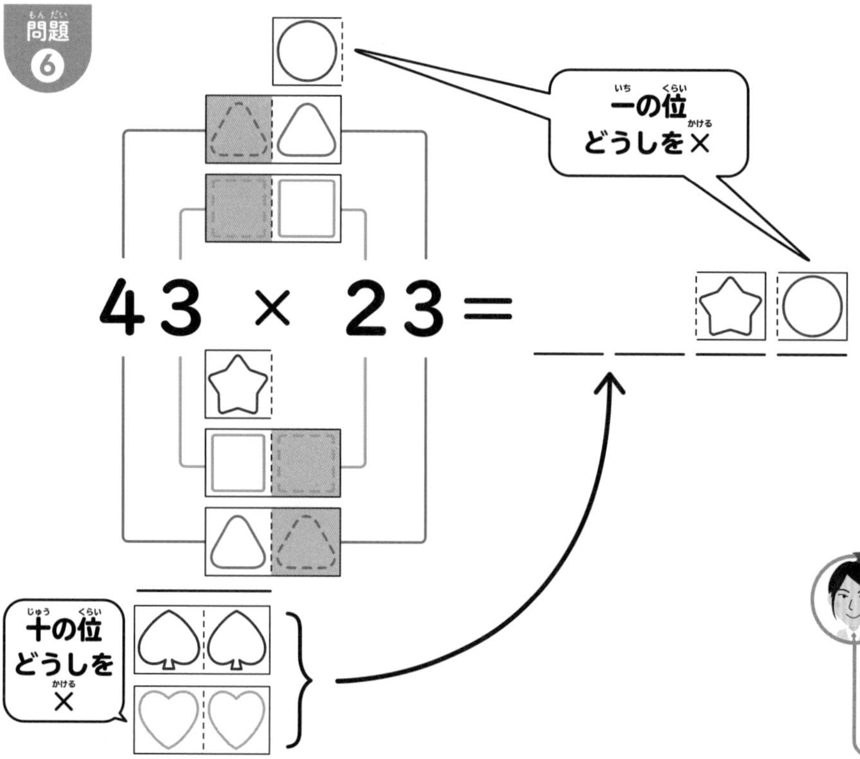

この問題《もんだい》は答《こた》えが3ケタになるよ！

順番《じゅんばん》を思《おも》い出《だ》してプレートに数字《すうじ》を書《か》いていこう！
（点線《てんせん》の△や□には何《なに》も書《か》かなくていいよ）

問題《もんだい》 7

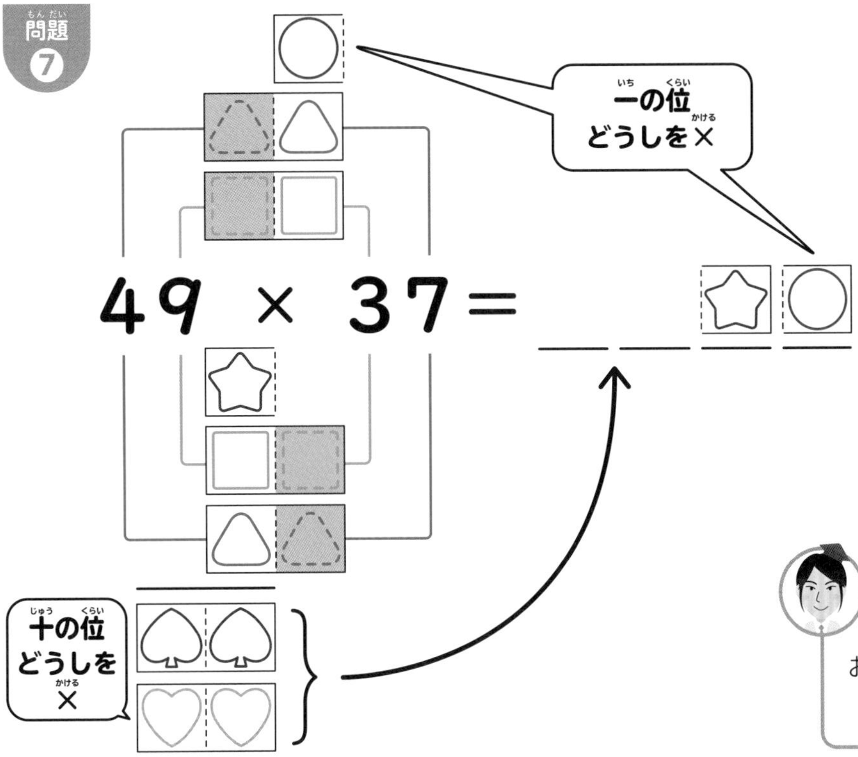

問題《もんだい》 8

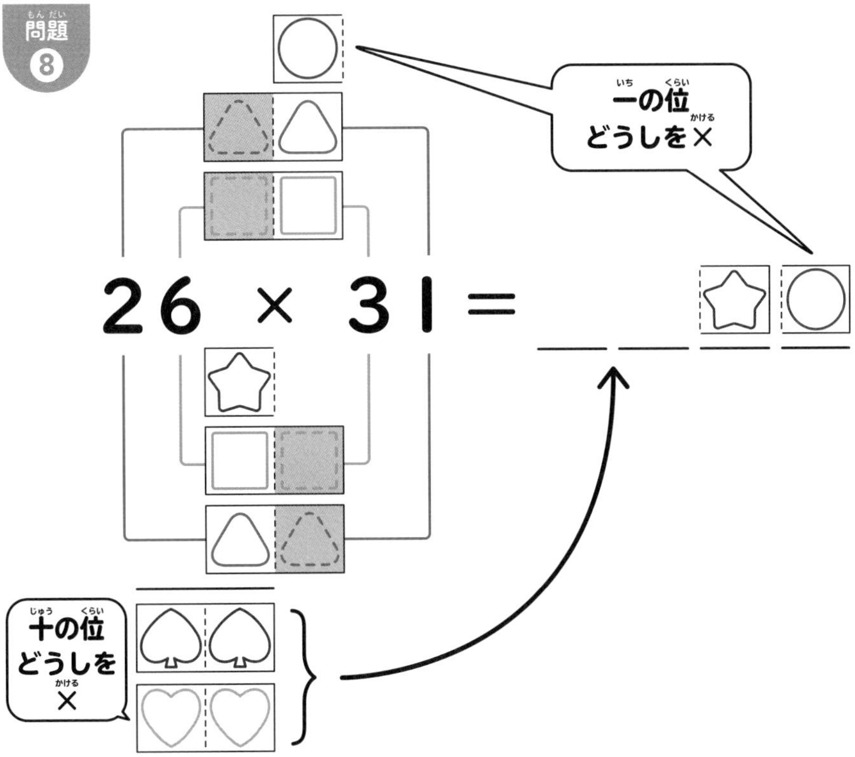

上半分《うえはんぶん》から下半分《したはんぶん》まであゆみ算《ざん》を解《と》いてみよう

基本練習《きほんれんしゅう》

○○→△→□→☆☆→□→△→♤♤→♡♡→答《こた》えの千《せん》と百《ひゃく》の位《くらい》の順番《じゅんばん》に書《か》いていこう！

問題《もんだい》 9

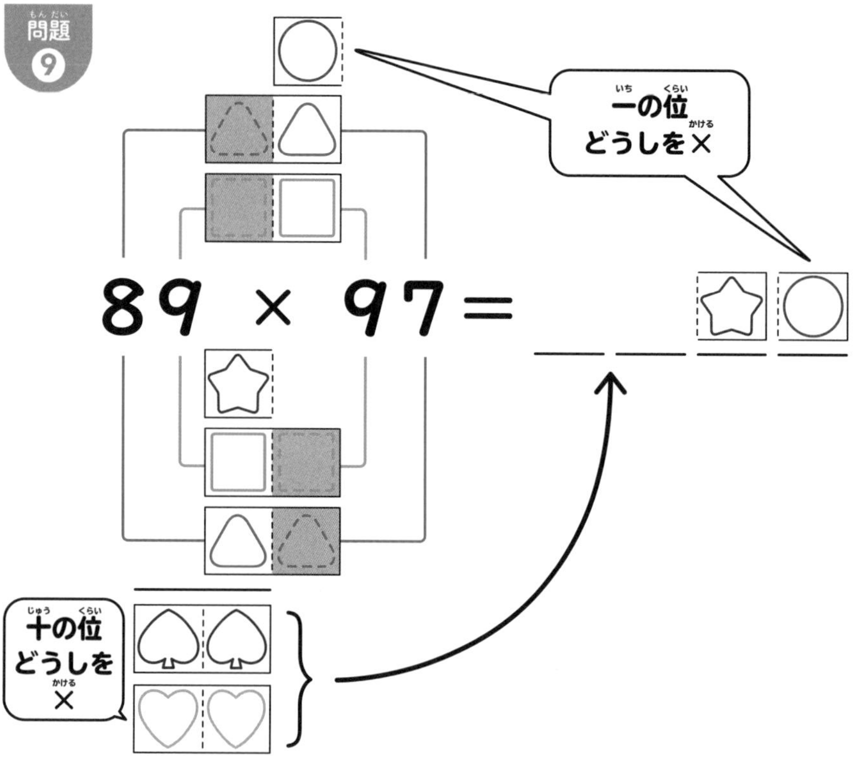

問題《もんだい》 10

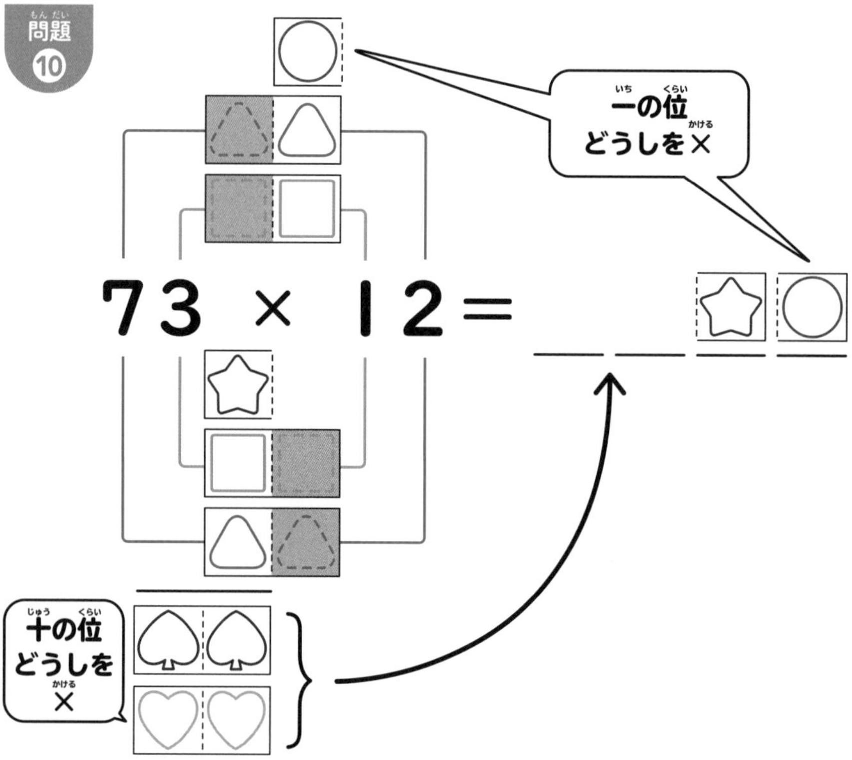

順番《じゅんばん》を思《おも》い出《だ》してプレートに数字《すうじ》を書《か》いていこう！
（点線《てんせん》の△や□には何《なに》も書《か》かなくていいよ）

問題《もんだい》 11

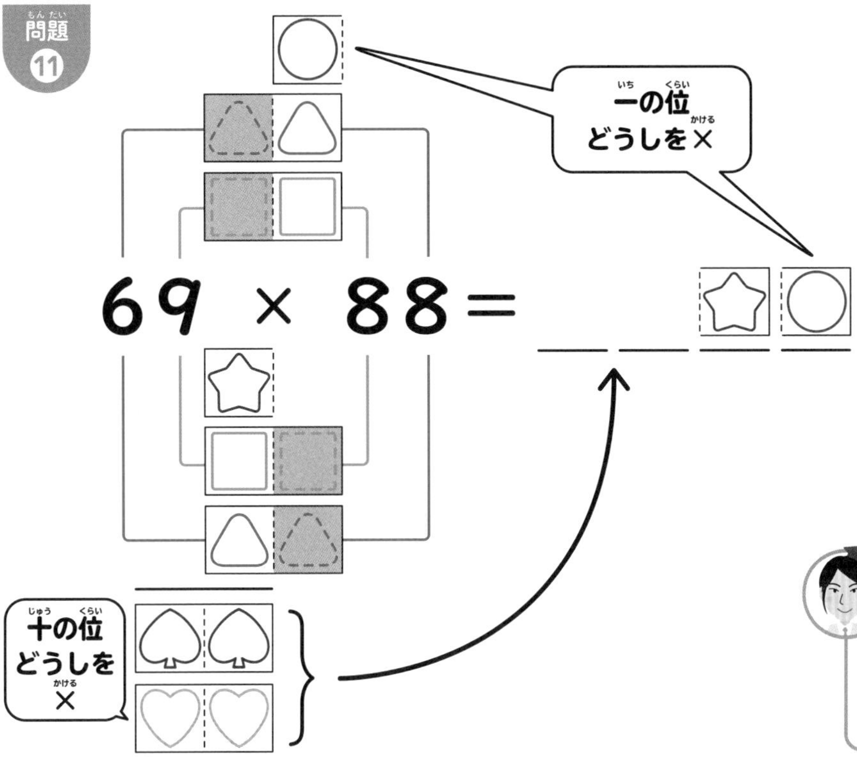

最後《さいご》の2問《もん》は
少《すこ》し難問《なんもん》だよ。
できたらスゴイ！

問題《もんだい》 12

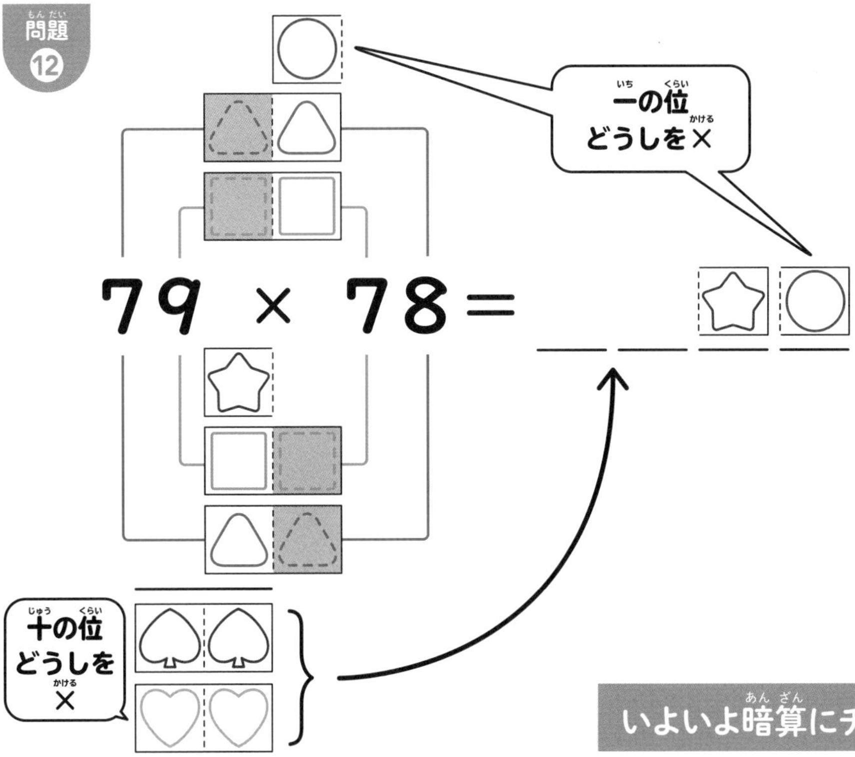

いよいよ暗算《あんざん》にチャレンジ！

あゆみ算《ざん》 STEP 4

プレートに数字《すうじ》を書《か》かずに暗算《あんざん》で答《こた》えを出《だ》そう

今《いま》までと同《おな》じやり方《かた》で、
プレートに数字《すうじ》を書《か》かず、答《こた》えだけを書《か》いていくよ！

これまでプレートに書《か》き込《こ》んでいた数字《すうじ》を
頭《あたま》の中《なか》ではっきりイメージしよう

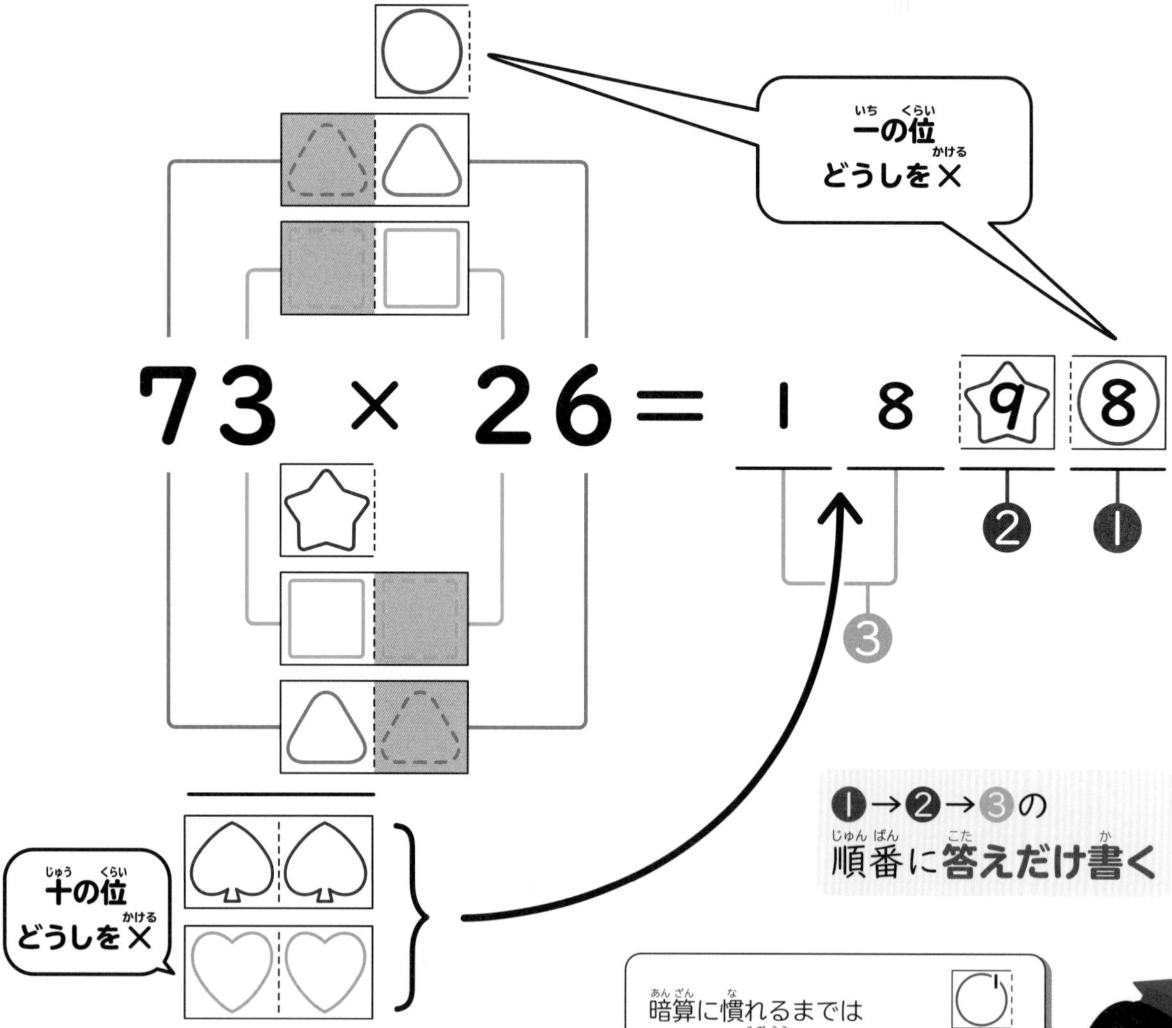

❶→❷→❸の順番《じゅんばん》に答《こた》えだけ書《か》く

暗算《あんざん》に慣《な》れるまでは
マークの右上《みぎうえ》に
小《ちい》さく数字《すうじ》を
メモしてもいいよ。

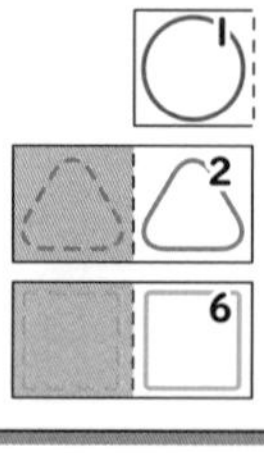

次《つぎ》の“**3つのコツ**”を意識《いしき》することが暗算成功《あんざんせいこう》のカギだよ！

暗算《あんざん》のコツ❶

上半分《うえはんぶん》・下半分《したはんぶん》の△と□を解《と》くときは、点線《てんせん》の△や□に入る数字《すうじ》を**完全《かんぜん》に忘《わす》れよう！**（暗算《あんざん》がグッとラクになるよ！）

暗算《あんざん》のコツ❷

☆☆に入《はい》る
数字《すうじ》を出《だ》したら
上《うえ》の
おでん（○△□）
の数字《すうじ》は
全部忘《ぜんぶわす》れよう！

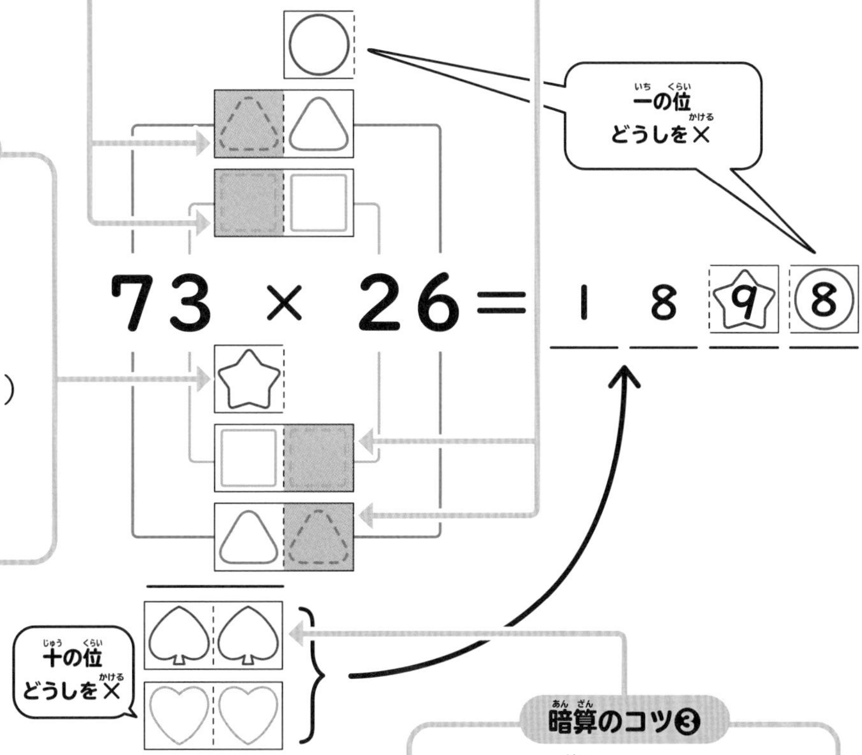

暗算《あんざん》のコツ❸

♤♤に入《はい》る
数字《すうじ》を出《だ》したら
上《うえ》の「☆□△」の数字《すうじ》は
全部忘《ぜんぶわす》れよう！

使《つか》わない数字《すうじ》を
忘《わす》れることが、
暗算《あんざん》をラクにする
秘《ひ》けつなんだね。

あゆみ算《ざん》の
上半分《うえはんぶん》を解《と》くときは
下半分《したはんぶん》のことを
考《かんが》えないようにしよう！

実際《じっさい》に解《と》いてみよう

あゆみ算《ざん》を暗算《あんざん》で解《と》こう

練習問題《れんしゅうもんだい》

答《こた》えは ○→☆→**千《せん》と百《ひゃく》の位《くらい》** を順番《じゅんばん》に書《か》いていこう。

問題《もんだい》 1

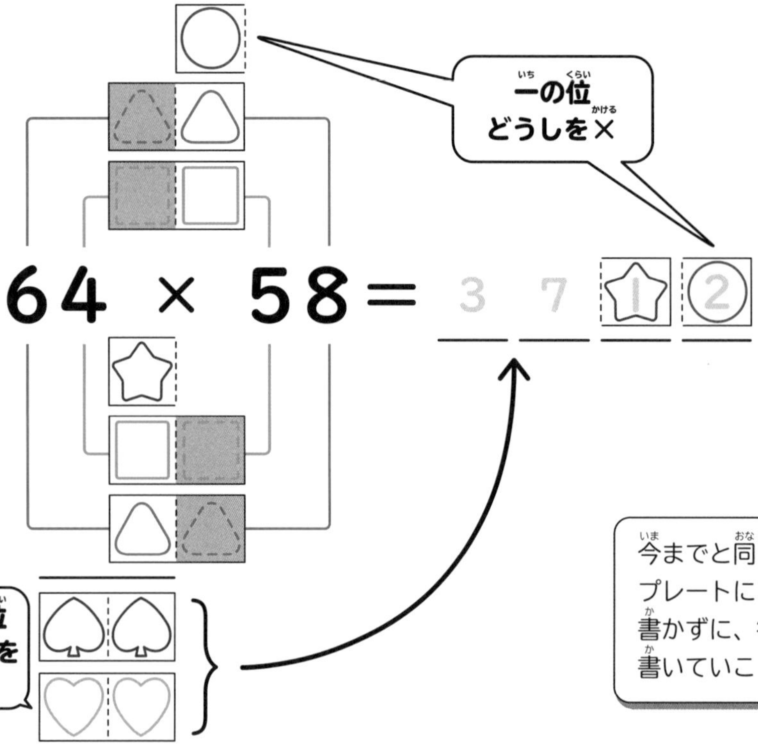

今《いま》までと同《おな》じやり方《かた》で、プレートには数字《すうじ》を書《か》かずに、答《こた》えだけを書《か》いていこう！

問題《もんだい》 2

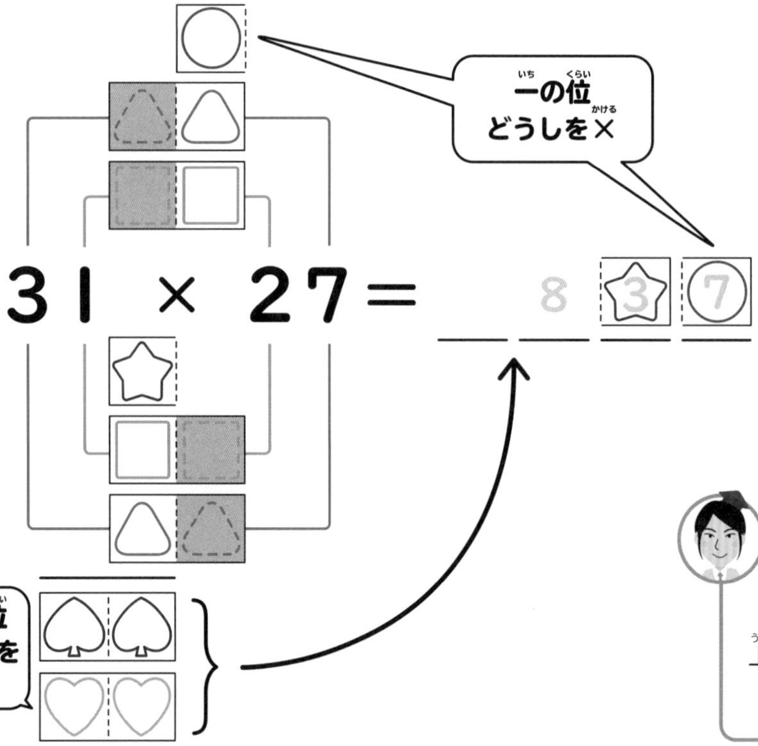

☆☆に入る数字《すうじ》を出《だ》したら上《うえ》の○△□の数字《すうじ》は忘《わす》れよう！

プレートの色《いろ》がうすくなったよ！
頭《あたま》の中《なか》で数字《すうじ》をしっかりイメージしよう。 答《こた》えはP.94だよ

問題《もんだい》❸

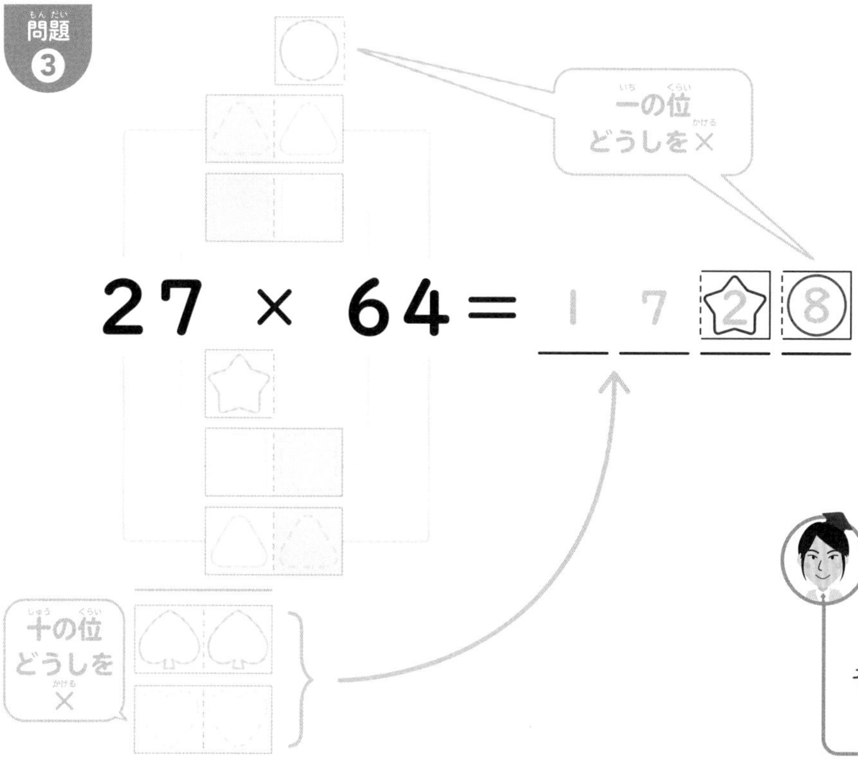

27 × 64 = 1 7 2 8

◯◯に入《はい》る
数字《すうじ》を出《だ》したら
その上《うえ》の☆□△の
数字《すうじ》は忘《わす》れよう！

問題《もんだい》❹

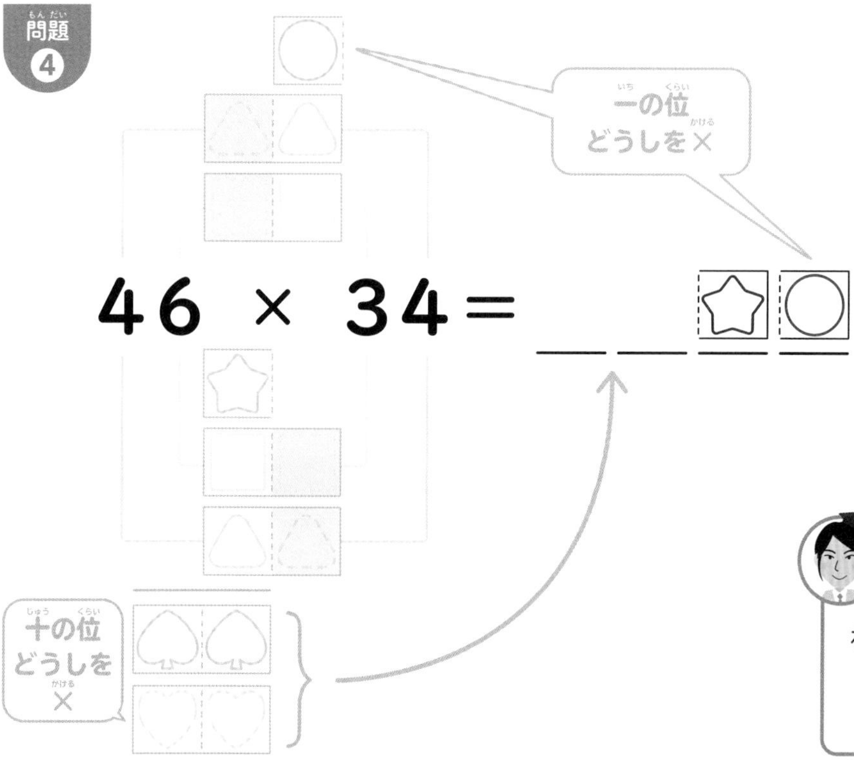

46 × 34 =

答《こた》えは
わかったところから
ちゃんと書《か》いて
いくんだよ！

あゆみ算《ざん》を暗算《あんざん》で解《と》こう

答《こた》えは ○→☆→**千《せん》と百《ひゃく》の位《くらい》** を順番《じゅんばん》に書《か》いていこう。

問題《もんだい》 5

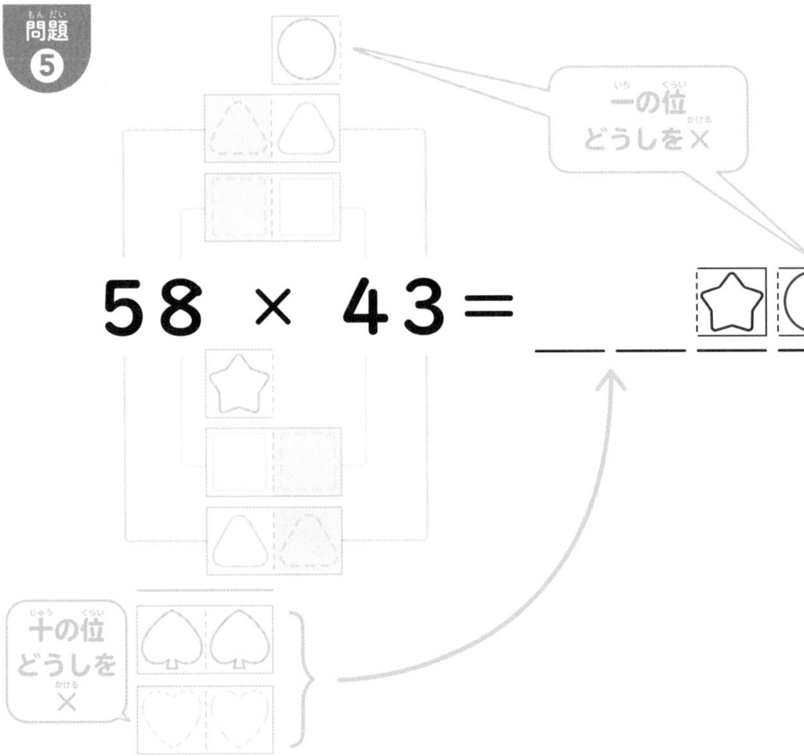

58 × 43 = ＿＿ ＿＿ ☆ ○

答《こた》えの○と☆も書《か》いた後《あと》は忘《わす》れよう！

問題《もんだい》 6

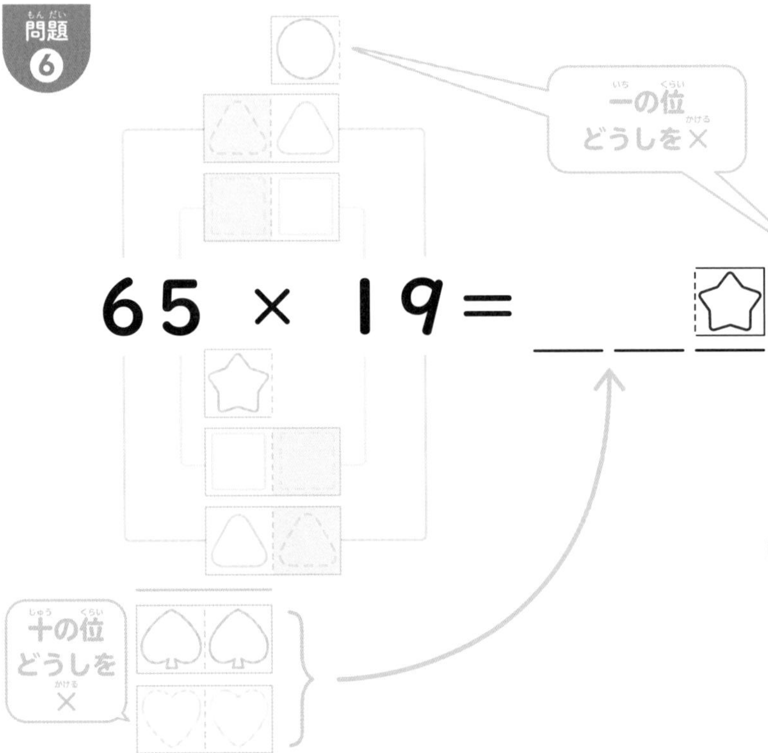

65 × 19 = ＿＿ ＿＿ ☆ ○

点線《てんせん》の△と□に入《はい》る数字《すうじ》を忘《わす》れることが暗算成功《あんざんせいこう》のカギだよ！

プレートのマークの中《なか》に数字《すうじ》をしっかりイメージしよう！
答《こた》えはちゃんと書《か》いて、書《か》いた後《あと》は忘《わす》れよう。

問題《もんだい》
7

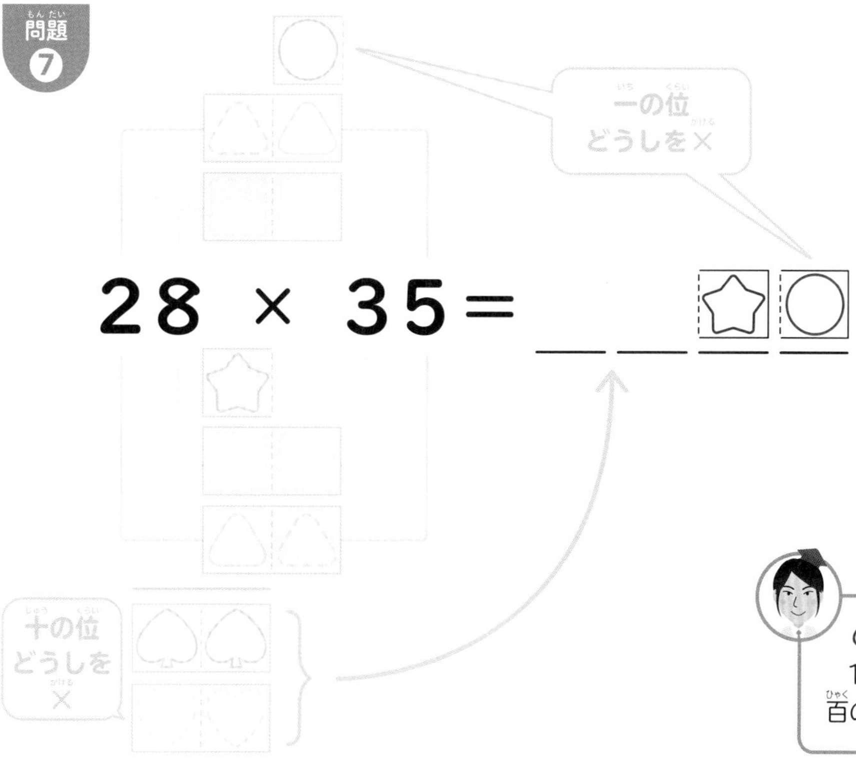

28 × 35 = ＿＿ ＿＿ ＿＿ ＿＿

♤♤＋♡♡が
1ケタになるから、
百《ひゃく》の位《くらい》だけに書《か》こう！

問題《もんだい》
8

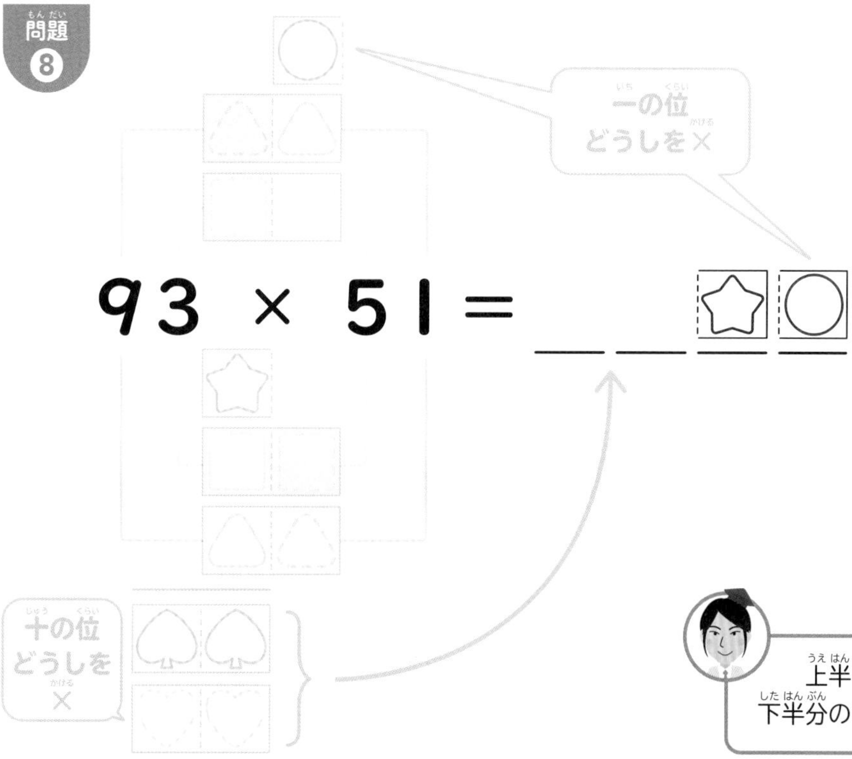

93 × 51 = ＿＿ ＿＿ ＿＿ ＿＿

上半分《うえはんぶん》を解《と》くときに
下半分《したはんぶん》のことは考《かんが》えないよ！

あゆみ算《ざん》
STEP 4

あゆみ算《ざん》を暗《あん》算《ざん》で解《と》こう

練《れん》習《しゅう》問《もん》題《だい》

答《こた》えは ○→☆→**千《せん》と百《ひゃく》の位《くらい》** を順番《じゅんばん》に書《か》いていこう。

問《もん》題《だい》 9

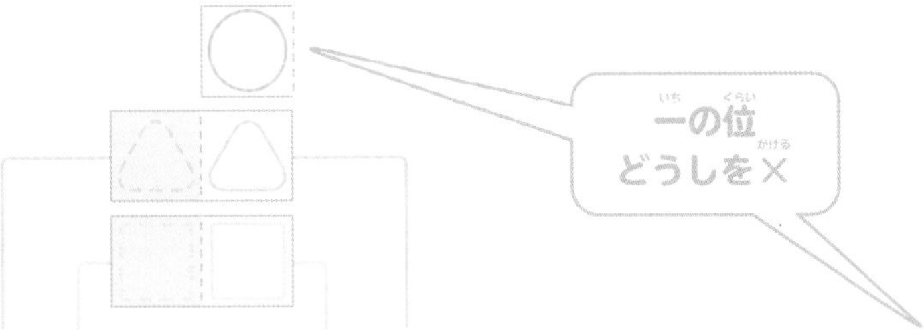

$$12 \times 42 = __\ __\ ☆\ ○$$

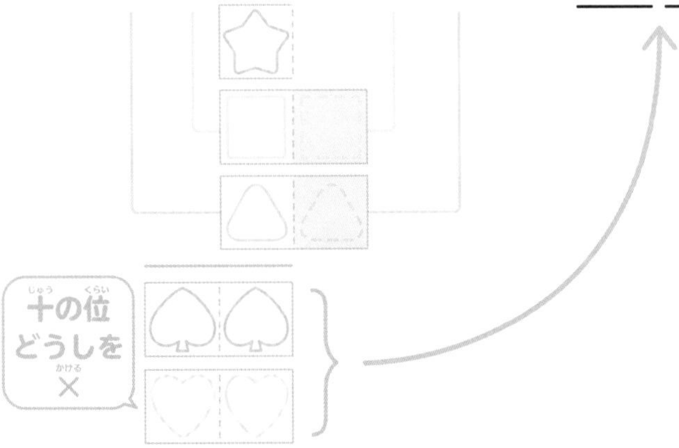

問《もん》題《だい》 10

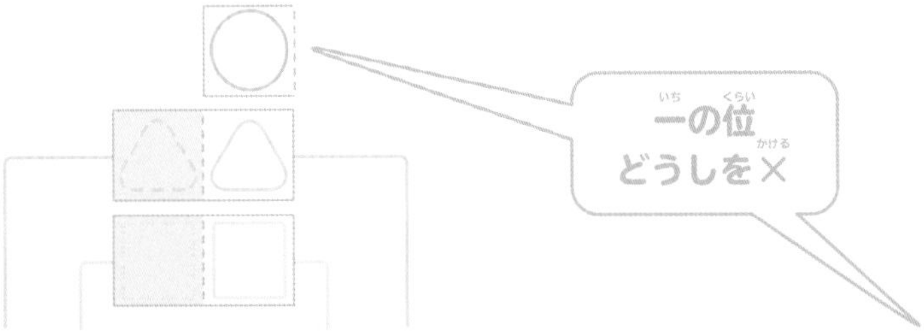

$$68 \times 38 = __\ __\ ☆\ ○$$

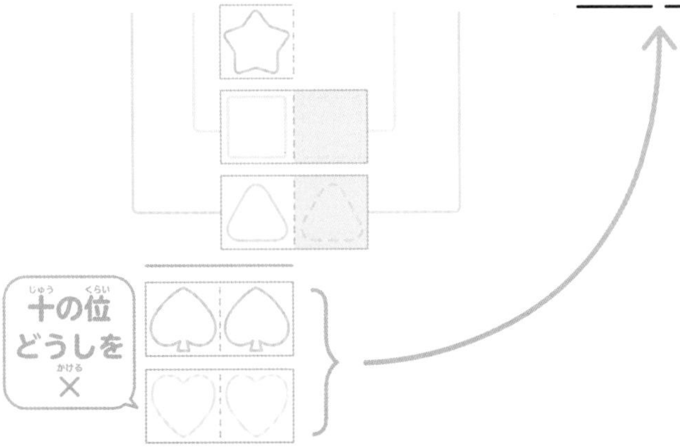

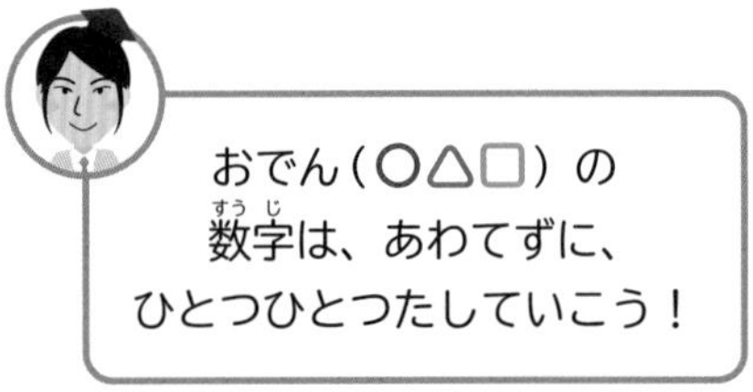

プレートの下半分《したはんぶん》が消《き》えたよ！ プレートの形《かたち》を思《おも》いうかべながら、
今《いま》までどおりに答《こた》えを書《か》いていこう！

問題《もんだい》 11

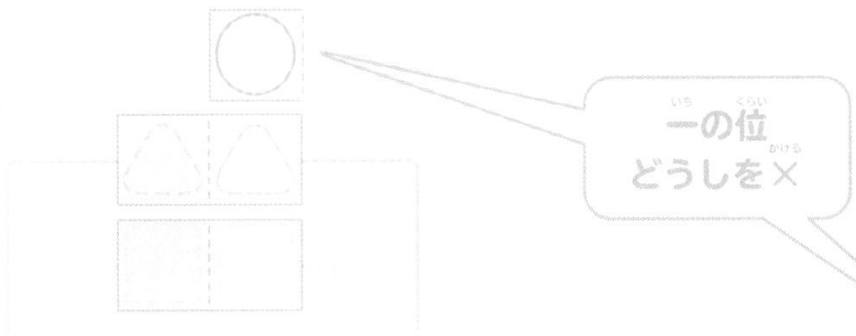

$36 \times 45 =$ ＿ ＿ ☆ ○

問題《もんだい》 12

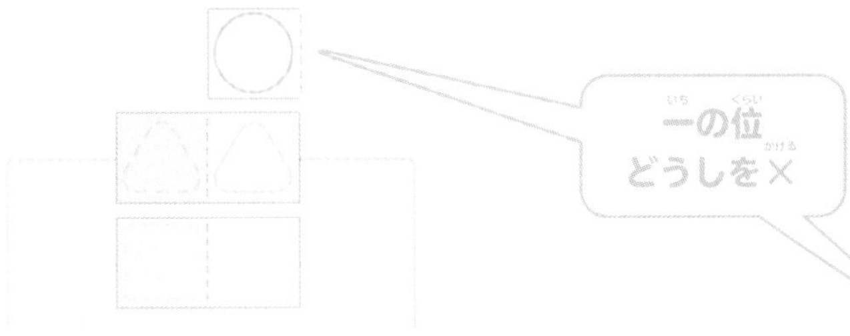

$98 \times 75 =$ ＿ ＿ ☆ ○

点線《てんせん》の△と□や、
答《こた》えにすでに書《か》いた
数字《すうじ》は忘《わす》れよう！

あゆみ算《ざん》を暗算《あんざん》で解《と》こう

練習問題《れんしゅうもんだい》

答《こた》えは ○→☆→千《せん》と百《ひゃく》の位《くらい》 を順番《じゅんばん》に書《か》いていこう。

問題《もんだい》 ⑬

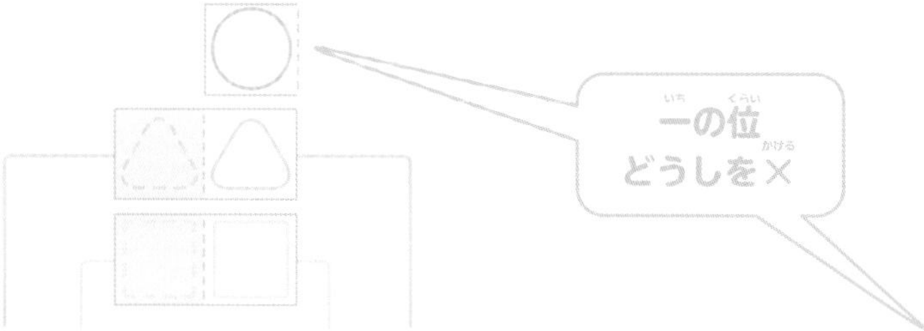

$24 \times 32 =$ ＿＿ ＿＿ ☆ ○

2×2は4だから
「04」のように
考《かんが》えてね！

問題《もんだい》 ⑭

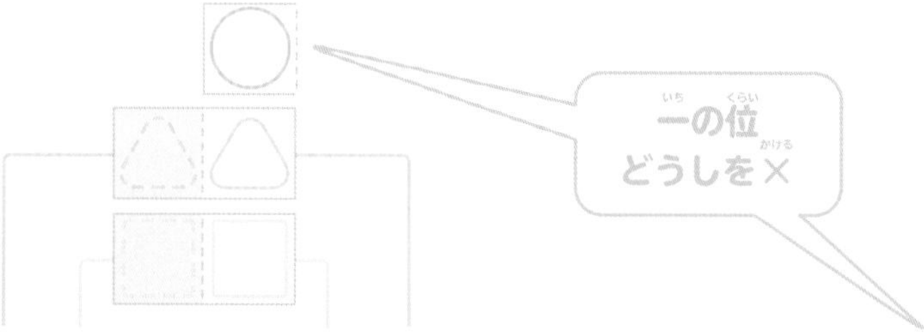

$76 \times 49 =$ ＿＿ ＿＿ ☆ ○

プレートの上《うえ》半《はん》分《ぶん》も消《き》えたよ！ プレートの形《かたち》を思《おも》いうかべながら、
今《いま》までどおりに答《こた》えを書《か》いていこう！

問題《もんだい》
15

$$47 \times 56 = __\ __\ ☆\ ○$$

問題《もんだい》
16

$$54 \times 37 = __\ __\ ☆\ ○$$

練習問題《れんしゅうもんだい》はあと４問《もん》だよ。あと少《すこ》し！

あゆみ算《ざん》を暗算《あんざん》で解《と》こう

練習問題《れんしゅうもんだい》

答《こた》えは ○→☆→**千《せん》と百《ひゃく》の位《くらい》** を順番《じゅんばん》に書《か》いていこう。

問題《もんだい》 17

78 × 78 = ＿＿ ＿＿ ☆ ○

♤♤の数字《すうじ》を
出《だ》せたら、上《うえ》の☆□△
の数字《すうじ》は忘《わす》れよう！

問題《もんだい》 18

17 × 46 = ＿＿ ＿＿ ☆ ○

答《こた》えの〇と☆も消《き》えたよ！

問題《もんだい》 19

95 × 87 ＝ ＿＿＿＿

問題《もんだい》 20

83 × 94 ＝ ＿＿＿＿

全部《ぜんぶ》暗算《あんざん》で解《と》けるかな？

あゆみ算《ざん》 まとめテスト❶

何問《なんもん》解《と》けたかな？

月《がつ》　日《にち》／できた数《かず》　問《もん》

月《がつ》　日《にち》／できた数《かず》　問《もん》

月《がつ》　日《にち》／できた数《かず》　問《もん》

「あゆみ算《ざん》」をどれぐらい
マスターできたか、試《ため》してみよう。 答《こた》えはP.94だよ

❶ $54 \times 65 =$

❷ $26 \times 48 =$

❸ $47 \times 63 =$

❹ $16 \times 36 =$

❺ $87 \times 95 =$

❻ $63 \times 44 =$

❼ $35 \times 29 =$

❽ $64 \times 13 =$

❾ $97 \times 78 =$

❿ $86 \times 63 =$

全部《ぜんぶ》暗算《あんざん》で解《と》けるかな？

あゆみ算《ざん》 まとめテスト❷

何問《なんもん》解《と》けたかな？

月《がつ》　日《にち》／できた数《かず》　問《もん》
月《がつ》　日《にち》／できた数《かず》　問《もん》
月《がつ》　日《にち》／できた数《かず》　問《もん》

5問正解《もんせいかい》できたキミはスバラシイ！
全問正解《ぜんもんせいかい》を目指《めざ》して何度《なんど》もチャレンジしよう。 答《こた》えはP.94だよ

❶ 67 × 23 =

❷ 53 × 89 =

❸ 37 × 56 =

❹ 41 × 24 =

❺ 74 × 93 =

❻ 62 × 84 =

❼ 58 × 14 =

❽ 76 × 98 =

❾ 93 × 82 =

❿ 87 × 69 =

自分《じぶん》で問題《もんだい》を作《つく》って「あゆみ算《ざん》」の暗算《あんざん》にチャレンジしてみよう！

答《こた》え

ラッキーあゆみ算《さん》①

STEP 2
①192 [1][8][1][2][192] ②182 [1][7][1][2][182]
③221 [2][0][2][1][221] ④240 [2][1][3][0][240]
⑤168 [1][6][0][8][168] ⑥187 [1][8][0][7][187]
⑦234 [2][1][2][4][234] ⑧266 [2][3][3][6][266]
⑨169 [1][6][0][9][169] ⑩210 [1][9][2][0][210]
⑪306 [2][5][5][6][306] ⑫323 [2][6][6][3][323]

STEP 3 ①192 ②252 ③156 ④306 ⑤247 ⑥304

STEP 4 ①195 ②224 ③288 ④168 ⑤272 ⑥208 ⑦270 ⑧342

ラッキーあゆみ算《さん》②

STEP 2 ①2112 ②3542 ③1606 ④3608
⑤814 ⑥6006

STEP 3 ①2442 ②1540 ③4554 ④2409
⑤1463 ⑥616 ⑦3003 ⑧6314

ラッキーあゆみ算《さん》③

STEP 2 ①2021 ②3016 ③4209 ④7224 ⑤624 ⑥5609

STEP 3 ①1216 ②5625 ③1209 ④4216
⑤621 ⑥3024 ⑦7221 ⑧5616

ラッキーあゆみ算《さん》④

STEP 2
①682 [6][68][2] ②495 [4][49][5] ③627 [5][62][7]
④814 [7][81][4] ⑤396 [3][39][6]
⑥1056 [9][105][6] ⑦319 [2][31][9] ⑧1034 [9][103][4]

STEP 3 ①451 ②737 ③913 ④1078

STEP 4 ①286 ②693 ③517 ④1012
⑤583 ⑥407 ⑦1045 ⑧946

ラッキーあゆみ算《ざん》❺

STEP 2 ❶9312 3 4　❷9024 4 6　❸9408 2 4

❹9207 7 1　❺8835 5 7　❻8554 6 9

STEP 3 ❶9118　❷9310　❸9506

❹9207　❺8832　❻8645

STEP 4 ❶9312　❷9212　❸9702　❹9120

❺9021　❻9408　❼8827　❽8556

あゆみ算《ざん》

STEP 1 ❸ 2 4 6 8 1 6　❹ 4 2 5 8 1 7　❺ 5 6 6 8 1 9

❻ 0 8 4 8 1 2　❼ 5 6 2 2 0 9　❽ 2 4 8 8 1 8

❾ 1 2 2 6 0 9　❿ 0 4 0 4 0 4　⓫ 5 4 8 6 1 9

⓬ 3 0 0 6 0 9　⓭ 5 6 8 8 2 1　⓮ 0 7 6 4 1 0

⓯ 1 8 4 4 0 9　⓰ 5 4 8 3 1 6

STEP 2 ❸ 5382 6 4 1 1 4 2　❹ 8342 5 5 1 1 7 2

❺ 1890 1 2 0 3 1 5　❻ 2484 6 0 0 6 1 8

❼ 2628 0 4 0 5 2 1　❽ 912 0 3 0 5 0 4

❾ 7644 7 5 1 3 6 3　❿ 806 1 0 0 2 0 6

⓫ 6460 7 3 1 0 5 4　⓬ 4617 0 5 0 6 4 0

⓭ 8360 4 7 1 1 7 2　⓮ 384 0 0 0 0 0 3

⓯ 5184 0 3 0 3 4 8　⓰ 7031 6 7 1 4 5 6

あゆみ算《ざん》

STEP 3

❸ 3612 上半分 ①② 6 4 1 1 下半分 2 1 0 4 3 2

❹ 3591 上半分 ②① 2 5 0 9 下半分 1 4 0 5 3 0

❺ 1568 上半分 ④⑧ 8 4 1 6 下半分 5 0 0 6 0 9

❻ 989 上半分 ⓪⑨ 2 6 0 8 下半分 0 1 0 1 0 8

❼ 1813 上半分 ⑥③ 8 7 2 1 下半分 2 2 0 6 1 2

❽ 806 上半分 ⓪⑥ 2 8 1 0 下半分 1 0 0 2 0 6

❾ 8633 上半分 ⑥③ 6 1 1 3 下半分 8 5 1 4 7 2

❿ 876 上半分 ⓪⑥ 4 3 0 7 下半分 0 1 0 1 0 7

⓫ 6072 上半分 ⑦② 8 2 1 7 下半分 7 4 1 2 4 8

⓬ 6162 上半分 ⑦② 6 3 1 6 下半分 6 5 1 2 4 9

STEP 4

❹ 1564 ❺ 2494 ❻ 1235 ❼ 980 ❽ 4743 ❾ 504

❿ 2584 ⓫ 1620 ⓬ 7350 ⓭ 768 ⓮ 3724 ⓯ 2632

⓰ 1998 ⓱ 6084 ⓲ 782 ⓳ 8265 ⓴ 7802

あゆみ算《ざん》まとめテスト

まとめテスト①

❶ 3510 ❷ 1248 ❸ 2961 ❹ 576 ❺ 8265 ❻ 2772

❼ 1015 ❽ 832 ❾ 7566 ❿ 5418

まとめテスト②

❶ 1541 ❷ 4717 ❸ 2072 ❹ 984 ❺ 6882 ❻ 5208

❼ 812 ❽ 7448 ❾ 7626 ❿ 6003

保護者の皆さまへ

このたびは『小学生が99×99までスイスイ暗算できる最強ドリル』を手に取ってくださり、ありがとうございました。
本書にご興味を持たれた理由はさまざまかと思います。なかには、「お子様の算数嫌いを克服させたい」「算数を好きになってほしい」という思いをお持ちの方もいらっしゃるかもしれません。

私はどうして算数や数学を好きになれたのか？

きっかけは、計算に対する「不思議だな」という気持ちでした。
たとえば、5歳の頃、両親が買った本で「ひっ算」の存在を知ったこと。
5×5の計算は九九で解ける。
でも、55×25はどうやったら解けるだろう？ 55555×55555は？
自宅近くの公園にある砂場で、木の棒を片手に夢中になって計算していたことを、今でも覚えています。
または、一日中考えても解けなかった図形問題に、たった1本の補助線を引くだけで、魔法のように鮮やかに答えを導き出すことができた瞬間。
記憶をたどれば、いくつものよい出合いがあったことに気づかされます。

「計算をゲーム感覚で楽しんでほしい」という思いは、私が2011年に『岩波メソッドゴースト暗算 6時間でできる！ 2ケタ×2ケタの暗算』を執筆してから一貫して掲げているテーマなのです。

算数や数学を好きになるきっかけをつかむ瞬間は、幼少期だけのものではありません。『あゆみ算』は、今まで世の中になかった、まったく新しいメソッドです。
ぜひお子様と一緒に「2ケタ×2ケタのかけ算が暗算で解けた！」という、魔法のような体験を味わってください。

『あゆみ算』が算数への興味を導く1本の補助線になることを願って。

2023年12月

岩波邦明
(東京大学医学部卒・医師・
スタンフォード生)

小学生が99×99まで
スイスイ暗算できる最強ドリル

2023年12月13日 初版第1刷発行
2024年 5 月20日 　第3刷発行

著作者	岩波邦明（ルイ・イーグル代表）
発行人	大澤竜二
編集人	安田典人
発行所	株式会社 小学館 〒101-8001 東京都千代田区一ツ橋2-3-1 （編集）03-3230-5930 （販売）03-5281-3555
印刷所	図書印刷株式会社
製本所	古宮製本株式会社
編集	渡辺和博、奥野亮太
アート ディレクション	福野純平（アイル企画）
デザイン	丸岡葉月（アイル企画）
イラスト	羽田創哉（アイル企画）
協力	小学館集英社プロダクション 名探偵コナンゼミ編集部
販売	福島真実
宣伝	根來大策
制作	宮川紀穂

ISBN 978-4-09-253667-8